社会主义新农村建设丛书(2)

新农村建设村庄治理研究

方 明 邵爱云 编著

中国建筑工业出版社

图书在版编目(CIP)数据

新农村建设村庄治理研究／方明，邵爱云编著．—北京：中国建筑工业出版社，2006
社会主义新农村建设丛书(2)
ISBN 7-112-07989-6

Ⅰ．新… Ⅱ．①方…②邵… Ⅲ．①乡村规划-中国②农业建筑-建筑设计-中国 Ⅳ．① TU982.29 ② TU26

中国版本图书馆 CIP 数据核字（2006）第 017511 号

　　本书包括上、下两篇。上篇：技术指引篇包括：概述、村庄人居环境现状及存在问题、村庄整治指导、新农村治理规划编制、新农村基础设施建设、新式农房建设、建筑材料、建筑工程施工、村庄建设管理。下篇：建设实例篇。主要精选了我国目前有代表性的 10 个村庄建设实例，供读者参考。

　　本书可供从事新农村建设研究、规划、设计、施工、管理人员使用，也可供广大乡镇干部和农民朋友使用。

责任编辑：姚荣华　胡明安
责任设计：赵　力
责任校对：张景秋　王金珠

社会主义新农村建设丛书(2)
新农村建设村庄治理研究
方　明　邵爱云　编著
*
中国建筑工业出版社出版、发行(北京西郊百万庄)
新 华 书 店 经 销
北京嘉泰利德制版公司制版
精美彩色印刷有限公司印刷
*

开本：787×1092毫米　1/16　印张：9¼　字数：225千字
2006年4月第一版　2006年12月第二次印刷
印数：3001—4500册　定价：60.00元
ISBN 7-112-07989-6
(13942)

版权所有　翻印必究
如有印装质量问题，可寄本社退换
(邮政编码 100037)
本社网址：http://www.cabp.com.cn
网上书店：http://www.china-building.com.cn

社会主义新农村建设丛书

顾问委员会

主任委员：李兵弟

委　　员：赵　晖　徐素君　欧阳湘　白正盛
　　　　　郑文良　付殿起　宋又川　金志英
　　　　　马长伟　马　勃　王军清　王宏旭　王　晖　文技军
　　　　　冯长根　石春芳　丛　钢　亚尔买买提·艾拜都拉
　　　　　齐　虹　朱运梓　张　海　陈东明　吴　铁　宋海燕
　　　　　李　凤　李　斌　杨　长　杨跃光　徐启峰　郭子华
　　　　　郭彩文　高东山　温晓勇　温骏骅　蔡　赢（以姓氏笔画为序）

编审委员会

主任委员：张文成　樊　康

委　　员：张　军　王　东　高承增　夏宗玕　寿　民　单德启
　　　　　杜白操　任世英　高　潮　马赤宇　骆中钊　陈　穗

编写委员会

丛书主编：方　明
分册主编：刘　军　邵爱云　董艳芳
丛书组织：董艳芳　单彦名
参编人员：俞　涛　杨　彬（第一分册）
　　　　　江胜文　帅能龙　廖光华　黄忠豪　唐集兴　王　春
　　　　　叶齐茂　赵　辉　赵文强（第二分册）
　　　　　朱文华　赵之枫　陈　敏　薛玉峰　赵　辉　单彦名
　　　　　李　婧　王　玉（第三分册）
支持单位：中国建筑设计研究院小城镇发展研究中心

序 一

党的十六届五中全会和"十一五"规划纲要提出"建设社会主义新农村"这一重大的历史任务，2006年中央1号文件对社会主义新农村建设作了全面深刻系统的阐述。"生产发展、生活宽裕、乡风文明、村容整洁、管理民主"二十字，是对以往我们党和政府解决"三农"问题政策方针的全面升华，是对农民全面发展和农村事业全面进步的新要求。社会主义新农村建设是一个长期的历史过程，需要社会各方面的共同参与，需要研究部门的理论创新和政策设计，需要政府部门的实践指导和技术支持，同样也需要建设系统承担起以改善农村人居环境为主的政府职责和社会责任。

社会主义新农村建设是党中央长期研究缜密思索慎重出台的重大战略决策。2005年的春末夏初，建设部村镇建设办公室在中央有关部门的组织下有幸直接参与了社会主义新农村建设的前期基础性工作，对农村现状作了针对性的调查研究，提出相关的工作设想与政策建议。当时，村镇建设办公室邀请了中国建筑设计研究院小城镇发展研究中心和其他一些同志共同参与了部分前期工作和后续研究。我们按照当时对社会主义新农村建设的初步理解，从制度创新、政策指导的层面出发，尊重我国村庄发展变化的客观规律，对村庄规划的技术方法同步做了比较全面的改革与探索。这些大胆有益的探索，支持了我们制定指导农村人居环境改善的政策思路，提升了我们通过制度创新推动村庄整治的信心，佐证了村庄整治规划技术路径的可行。

中国建筑设计研究院小城镇发展研究中心对建设部村镇建设办公室的工作起到了技术支撑单位的作用。这个单位的前身是中国建筑技术研究院村镇所，早在20世纪70、80年代就起步从事农房建设和村镇规划研究，奠定了村镇建设方面的规划设计与研究工作的良好基础。进入21世纪，一个年轻的团队承载了老一辈人的希冀与梦想，勇于探索、大胆实践，努力续写着往日的辉煌！今天，社会主义新农村建设为他们提供了更加广阔的社会实践舞台。中国建筑设计研究院小城镇发展研究中心牵头，其他相关单位大力协作，在多年实践经验的基础上，尤其是结合过去一年来对新农村建设中农村人居环境改善的实践探索，出版了此套"社会主义新农村建设丛书"。这套丛书先出版三本，角度新颖，各具特点，对新农村建设的人居环境建设领域做了比较系统的归纳，对于建设系统和农村的基层工作人员理解政策、把握方向，做好村庄整治的规划与实施具有较好的指导作用。

第1本《新农村建设政策理论文集》，从回顾我国农村建设的发展历史入手，谈古论今，选编了有关的政策文件，专家观点和各地实践经验，多方位、多层次、多视角地展现了我国社会主义新农村建设的观点，希望通过对我国村庄建设发展脉络的解读，帮助读者进一步理解社会主义新农村建设中农村人居环境改善"是什么"的问题。

第2本《新农村建设村庄治理研究》，从我国农村人居环境现状谈起，深刻剖析存在问题的历史成因与现实原因，提出村庄治理指引，详述了村庄规划编制的程序和内容要求，帮助读者进一步把握农村人居环境改善"如何做"的问题。

第3本《新农村社区规划设计研究》，着重探讨了为推进社会主义新农村建设中新村社区规划设计方面的相关问题，针对当前新农村建设的实际要求，对村庄建设的基础知识和技术要求进行有机整合，帮助读者进一步掌握农村人居环境改善"做什么"的问题。

这套丛书显然还不够精到，个别地方也还需推敲、深化。农村人居环境改善是个长期艰苦的工作，是伴随着新农村建设不断深入完善的过程，"社会主义新农村建设丛书"也应当随之不断完善不断发展，及时反映广大农村地区改善人居环境的社会实践，反映亿万农民的实践探索。或许，因循旧制和固有经验也可以从事农村人居环境的改善，并不需要这套丛书的帮助；但是，想要做好做实改善农村人居环境的工作，一切从农村实际出发，真正地为农民服务，我建议还是要认真地读一读这套丛书！

是为序！

建设部村镇建设办公室主任

2006年3月12日

序　二

春风拂过，天气骤暖，打开轩窗呼吸一下新春的空气，定格在几枝玉兰花上。

一夜之间、玉兰绽放，春已来临；不知何时，小草透出朦胧绿意，干枯的树亦光滑起来，可看出正积蓄着芽苞绽放的力量。昨犹隆冬，今已初春？细细回顾，已近一个月未向窗外瞩过了；原来，春，不只需要向前的展望，更需回头看顾。一刹那间，仿佛悟出了一个真理。

是的，回头看。目前，中国建筑设计研究院小城镇发展研究中心就正在做着这样一件总结经验回头观看的工作。我们聆听着社会主义新农村建设的春天来临的足音。

从2005年下半年开始，建设社会主义新农村逐步成为社会各界热切讨论的话题。从党的十六届五中全会到2006年全国两会，从"十一五"规划的编制到一号文件《中共中央、国务院关于推进社会主义新农村建设的若干意见》的出台，建设社会主义新农村已经成为我国重大历史任务，成为我国构建社会主义和谐社会的重大战略决策，成为我国解决三农问题的纲领。

在2006年春天，社会主义新农村建设工作全面展开。稍稍驻足，回首观望，标志着新农村建设春天来临的花朵，像窗外玉兰，已在神州大地上绽放。为收拢这浓浓春意，中国建筑设计研究院小城镇发展研究中心，结合多年村镇研究和设计经验，结合2005年以来在村庄规划和村庄建设方面取得的成果，推出了"社会主义新农村建设丛书"，以飨读者。目前出版的是该套丛书的第一套，共3册。

第1册为《新农村建设政策理论文集》。本册对社会主义新农村建设政策、理论和实践经验进行了汇总和梳理。文集分为"历史篇"、"理论篇"、"实践篇"等部分。主要回顾了我国农村发展的历史，汇集了中央及地方有关"三农"问题的政策文件，归纳了各方面专家对建设社会主义新农村的理论探讨，总结了各地进行社会主义新农村建设的经验，对我国社会主义新农村建设进行了系统探讨。

第2册为《新农村建设村庄治理研究》。本册分为"技术指引篇"和"建设实践篇"两部分。注重贯彻中央十六届五中全会关于社会主义新农村建设的战略举措，注重建设部关于社会主义新农村建设中村庄治理工作的部署，从中国农村人居现状情况及存在问题，提出不同地域、不同模式的村庄治理指引，村庄规划的编制。上篇主要涉及村庄人居环境现状情况、村庄治理指引、新农村治理规划的编制、新式农房建设、基础设施、建筑工程施工及管理等方面；下篇为规划建设实例篇，主要收集了北京、江西、浙江、沈阳等地新农村村庄治理规划建设实例，并且进行了针对性较强的点评。

第3册为《新农村社区规划设计研究》。依托中国建筑设计研究院小城镇发展研究中心多年来一直从事的村镇规划研究和实践工作，结合多家单位的研究和实践成果，着重探讨了为推进社会主义新农村建设，新村社区规划设计研究的相关问题，以期能够指导我国新村建设实践。本册分为上下两篇：上篇为理论篇，分析了当前村庄规划建设现状及存在的问题以及新时期村庄规划的时代任务，指出了新时期村庄规划建设的内容及原则。在此基础上，从农村社区的经济、土地、产业、生态、能源、地域文脉等多方面进行了综合性的研究，并将其逐项落实到新村社区的空间布局、农宅设计等方面，分别进行了较为系统的论述；下篇为实践篇，选取了近三年来全国各地的十余个优秀的新农村规划设计实例，结合上篇研究成果进行了综合性的点评，为指导新村规划建设提供参考。

新农村建设，是一个长期的系统过程，我们需要做的工作还有很多。目前出版的3本书只是总结了现有新农村建设经验的一小部分，仍有许多东西需要我们去挖掘。未来的几十年，我们的新农村建设事业必将有一个大的发展。这套丛书的问世，将会为推动我国的新农村建设事业的发展做出她应有贡献。这是出版者和全体作者共同的希望。是为序。

2006年3月

前 言

十六届五中全会明确提出"建设社会主义新农村是我国现代化进程中的重大历史任务,要按照生产发展、生活宽裕、乡风文明、村容整洁、管理民主的要求,扎实稳步地加以推进"。国庆期间,温家宝总理在河北省滦平县看望农村群众时指示:"要搞好农村环境,改变村容村貌,提高农民生活质量。"中央关于"十一五"规划编制的意见中更明确强调:建设社会主义新农村是推进现代农业建设,加快农业科技进步,加强农业设施建设,调整农业生产结构,转变农业增长方式,提高农业综合生产能力,全面深化农村改革,增加农民收入的主要手段。因此,建设社会主义新农村已成为我国现代化进程中的重大历史任务,是我国现阶段解决"三农"问题的主要手段,是构建社会主义和谐社会的重大战略决策,是我国"十一五"规划编制的重要内容。

中国不会没有农民,中国也不能没有农村,解决中国的"三农"问题是全世界各国所没有的复杂艰巨的历史工程,解决农村落后面貌的问题也不可一蹴而就。"三农"问题必将是城乡规划界长期关注的热点。中国建筑设计研究院小城镇发展研究中心组织编写本书,旨在新农村建设领域中进行理论研究和实践探索。

本书注重贯彻中共中央十六届五中全会关于社会主义新农村建设的战略举措,注重建设部关于社会主义新农村建设中村庄治理工作的部署,从中国农村人居现状情况及存在问题,提出不同地域、不同模式的村庄治理指引,村庄规划的编制。上篇主要涉及村庄人居环境现状情况、村庄治理指引、新农村治理规划的编制、新式农房建设、基础设施、建筑工程施工及管理等方面;下篇为规划建设实例篇,主要收集了北京、江西、浙江、沈阳等地新农村村庄治理规划建设实例。

党的十六届五中全会之后,新农村建设已列入各级政府、各相关行业的工作日程,为全社会所瞩目,亦将调动国家公共财政向广大农村倾斜,随着中央对于我国社会已进入工业反哺农业、城市支持农村阶段的科学判断,村庄治理工作即将在全国有序展开。

由于时间匆忙和编者水平所限，书中难免有谬误和不妥之处，敬请指正。

本书在编写过程中，得到了各界人士的大力协助。上篇第二章是基于2005年5月建设部村镇建设办公室组织开展的《村庄人居环境调查》成果进行编写而成，在此特别感谢中国农业大学叶齐茂教授；第三章内容基于《村庄整治技术导则》中技术要点内容，在此特别感谢导则课题小组所有成员的付出与努力；第四章至第九章引自《江西省宜春市社会主义新农村规划建设管理指导手册》，该部分内容融科学性、知识性、实用性为一体，具有较强的指导作用，在此也特别感谢江西省宜春市建设局及相关编写人员。下篇收录的十个案例，由中国建筑设计研究院及多家兄弟设计单位的精心编写，在此一并致谢。

方明　邵爱云
2006年春于北京玉渊潭畔

目 录

上篇：技术指引篇

1 绪论 ·· 2
   1.1 建设部文件——关于村庄整治工作的指导意见 ······································ 2
   1.2 新农村建设概述 ··· 4
   1.3 建设社会主义新农村的重要意义 ·· 5
   1.4 新农村建设与村庄治理的目标任务 ··· 5

2 村庄人居环境现状调查及存在问题 ·· 7
   2.1 供水、饮水的安全问题 ·· 7
   2.2 排水 ··· 8
   2.3 道路交通 ·· 10
   2.4 住宅庭院 ·· 11
   2.5 生活垃圾 ·· 12
   2.6 防灾 ·· 12
   2.7 公共服务设施 ··· 13

3 村庄整治指引 ·· 15
   3.1 基本原则 ·· 15
   3.2 道路交通 ·· 16
   3.3 给水 ·· 18
   3.4 排水 ·· 19
   3.5 粪便处理 ·· 20
   3.6 垃圾处理 ·· 21
   3.7 减灾防灾 ·· 22
   3.8 传统建筑文化的保护 ·· 22
   3.9 村庄环境面貌 ··· 23
   3.10 公共活动场所 ··· 23
   3.11 村镇两地占房与"空心村" ·· 23
   3.12 生态建设 ··· 24

4 新农村治理规划编制 ·· 25
   4.1 什么是新农村治理规划 ··· 25
   4.2 新农村治理规划编制的原则 ··· 25
   4.3 新农村治理规划的调查研究与基础资料分析 ······································ 25
   4.4 新农村治理规划编制的内容 ··· 26
   4.5 新农村治理规划编制的方法和步骤 ··· 26
   4.6 新农村治理规划建设项目内容 ·· 27
   4.7 旧村整治改造规划要注意的事项 ··· 27

4.8	新农村治理规划图的绘制	27
4.9	竖向规划的设计	28
4.10	新农村建设治理规划成果	28

5 新农村基础设施建设 30
 5.1 新农村基础设施的内容 30
 5.2 新农村小型自来水厂的建设 30
 5.3 新农村水塘建设及饮用水的净化处理 31
 5.4 新农村排水设施的建设 31
 5.5 新农村道路与交通建设 31
 5.6 新农村电力电信工程建设 32
 5.7 新农村消防基础设施建设 33
 5.8 新农村建设绿化要求 33
 5.9 新农村建设污染防治措施 34
 5.10 新农村建设灾害防治措施 34
 5.11 新农村建设太阳能和沼气的有效利用 35
 5.12 新农村建设中的节能、节地、节水、节材 38
 5.13 新农村公共基础设施建设资金的筹集渠道 38

6 新型农村建筑 39
 6.1 什么是新型农村建筑 39
 6.2 新型农村建筑的类型 39
 6.3 新型农村建筑的设计依据和原则 39
 6.4 新型农宅的形式和各功能组成部分的要求 40
 6.5 怎样看建筑图 40
 6.6 新型农村建筑房屋构造的基本知识 41
 6.7 新型农房室内设计的主要内容 42
 6.8 新型农村建筑的发展趋势 42
 6.9 新型农村建筑建设应注意的问题 42

7 农村建筑常用材料 43
 7.1 建筑材料的基本性质 43
 7.2 建筑用木材 43
 7.3 钢筋是怎样分类的，钢材的理论重量怎样计算 44
 7.4 常用砌墙砖规格、强度及用途 44
 7.5 普通玻璃种类及规格 44
 7.6 建筑水泥 45
 7.7 建筑石子、砂 45
 7.8 建筑石灰 45
 7.9 建筑沥青 45
 7.10 建筑混凝土 46
 7.11 建筑砂浆 46

8 建筑工程施工 48
 8.1 施工组织的基本要求 48

8.2	基础埋置深度要求 ……………………………………………………	48
8.3	地基和基础 ……………………………………………………………	49
8.4	房屋地面、楼面 ………………………………………………………	49
8.5	楼梯与阳台 ……………………………………………………………	50
8.6	砌砖的要求 ……………………………………………………………	50
8.7	屋面和晒台的处理方法 ………………………………………………	50
8.8	钢筋混凝土施工 ………………………………………………………	51
8.9	门窗的选材与安装 ……………………………………………………	51
8.10	房屋室内外装修要点 …………………………………………………	52
8.11	建筑工程施工标准 ……………………………………………………	53
8.12	农村危险房屋的鉴定及处理方法 ……………………………………	54

9 新农村的建设管理 ……………………………………………………………… 57

9.1	建立村庄民主管理制度 ………………………………………………	57
9.2	村庄建设管理人员的任务 ……………………………………………	57
9.3	新农村建设规划实施管理 ……………………………………………	58
9.4	新农村建设工程设计管理 ……………………………………………	58
9.5	新农村建设建筑工程施工管理 ………………………………………	58
9.6	新农村建设道路与排水设施的管理 …………………………………	58
9.7	新农村建设饮用水的管理 ……………………………………………	59
9.8	新农村建设环境卫生管理 ……………………………………………	59
9.9	新农村建设环境保护的管理 …………………………………………	59
9.10	新农村建设绿化美化管理 ……………………………………………	60
9.11	村庄历史文化资源的保护 ……………………………………………	60
9.12	新农村建设档案的管理 ………………………………………………	61
9.13	村委会在新农村建设管理中的责任 …………………………………	61

下篇：建设实例篇

1	江西省宜春市高安市八景镇上保蔡家村整治规划 ……………………………	64
2	四川省成都市双流县永安镇白果村整治规划 …………………………………	71
3	浙江省绍兴县杨汛桥镇麒麟村整治规划 ………………………………………	79
4	辽宁省沈阳市大民屯镇方巾牛村村庄整治规划 ………………………………	87
5	北京市怀柔区雁栖镇官地村旧村改造规划 ……………………………………	97
6	北京市怀柔区桥梓镇北宅民俗生态旅游村规划 ………………………………	105
7	北京市平谷区南独乐河镇甘营村村庄整治规划简介 …………………………	110
8	北京市延庆县八达岭镇里炮村村庄整治规划 …………………………………	115
9	北京市通州区宋庄镇小堡村村庄整治规划简介 ………………………………	121
10	浙江省温州市泰顺县泗溪镇下桥村村庄整治规划 ……………………………	127

上篇：技术指引篇

1 绪论

1.1 建设部文件——关于村庄整治工作的指导意见(建村[2005]174号)

各省、自治区建设厅，直辖市建委（农委），新疆生产建设兵团建设局，计划单列市建委：

为贯彻落实中央关于建设社会主义新农村的战略部署，做好新时期村庄整治工作，搞好村庄规划建设，改善农民居住条件，改变农村面貌，我部对村庄整治工作提出以下指导意见。

1.1.1 充分认识村庄整治工作的重要意义

建设社会主义新农村是新形势下促进农村经济社会全面发展的重大战略部署，是实现全面建设小康社会目标的必然要求，是贯彻落实科学发展观和构建和谐社会的重大举措，是改变我国农村落后面貌的根本途径，是系统解决"三农"问题的综合性措施。村庄整治是社会主义新农村建设的核心内容之一，是惠及农村千家万户的德政工程，是立足于现实条件缩小城乡差别、促进农村全面发展的必由之路。加强村庄整治工作，有利于提升农村人居环境和农村社会文明，有利于改善农村生产条件、提高广大农民生活质量、焕发农村社会活力，有利于改变农村传统的农业生产生活方式。

村庄整治工作是新时期党中央、国务院赋予建设部门的重要战略任务。各地建设行政主管部门要认清形势，振奋精神，充分认识建设社会主义新农村的重要意义，增强做好村庄整治工作的自觉性、责任感、使命感和紧迫感，求真务实，与时俱进，改革创新，勇挑重担，发挥传统工作优势，积极探索新思路和新方法，扎实工作，完成党和国家交给我们的历史重任。要在各级党委、政府的统一领导下，把村庄整治工作列入重要议事日程，制定切实可行的工作方案和实施计划，协调各有关部门有计划、有步骤、创造性地推动村庄整治工作，及时研究新情况，解决新问题，总结推广新经验。

1.1.2 村庄整治工作的指导思想和基本要求

村庄整治工作要紧紧围绕全面建设小康社会目标，坚持以邓小平理论和"三个代表"重要思想为指导，牢固树立和落实科学发展观，一切从农村实际出发，尊重农民意愿，按照构建和谐社会和建设节约型社会的要求，组织动员和支持引导农民自主投工投劳，改善农村最基本的生产生活条件和人居环境，促进农村经济社会全面进步。村庄整治要充分利用已有条件，整合各方资源，坚持政府引导与农民自力更生相结合，完善村庄最基本的公共设施，改变农村落后面貌。

村庄整治工作要因地制宜，可采取新社区建设、空心村整理、城中村改造、历史文化名村保护性整治等有效形式；以村容村貌整治，废旧坑（水）塘和露天粪坑整理，村内闲置宅基地和私搭乱建清理，打通乡村连通道路和硬化村内主要道路，配套建设供水设施、排水沟渠及垃圾集中堆放点、集中场院、农村基层组织与村民活动场所、公共消防通道及设施等为主要内容进行整村整治；使整治后的村庄村容村貌整洁优美，硬化路面符合规划，饮用水质达到标准，厕所卫生符合要求，排水沟渠和新旧水塘明暗有序，垃圾收集和转运场所无害化处理，农村住宅安全经济美观、富有地方特色，面源污染得到有效控制，医疗文化教育等基本得到保障，农民素质得到明显提高，农村风尚得到有效改善。

1.1.3 因地制宜、试点引路、稳步推进村庄整治工作

村庄整治工作要认真做好两个规划。一是适应农村人口和村庄数量逐步减少的趋势，编制县域村庄整治布点规划，科学预测和确定需要撤并及保留的村庄，明确将拟保留的村庄作为整治候选对象。二是编制村庄整治规划和行动计划，合理确定整治项目和规模，提出具体实施方案和要求，规范运作程序，明确监督检查的内容与形式。

村庄整治工作要坚持试点引路，量力而行，稳步推进。根据地方经济发展水平，科学制定村庄整治的计划，确定分批分期整治方案。村庄整治是一项政策性很强的工作，各地要积极探索，先试点总结经验，然后逐步推开，以点带面，防止不顾当地财力，超越集体经济和农民的承受能力，违背群众意愿、侵害群众利益，一哄而起、盲目铺开。

村庄整治工作要因地制宜，分类指导。要尊重农村建设的客观规律，以满足农民的实际需要为前提，坚决防止盲目照抄照搬城镇建设模式。要充分利用现有条件和设施，凡是能用的和经改造后能用的都不要盲目拆除，不搞不切实际的大拆大建，坚决防止以基本建设和行政命令的方式强行推进。坚持以改善农村最迫切需要的生产生活条件为中心，以中心村整治为重点，完善各类基础设施和公共服务设施，突出地方特色，体现农村风貌。

村庄整治工作要坚持政府管理与引导相结合。要通过村庄整治，引导农民逐步集中建房，解决农民建房占地过多问题，实现集约节约使用土地，降低人均公共设施配套成本。一方面，要加强建设管理，防止农民不按规划分散建房；另一方面，要搞好中心村规划，完善公共设施，引导独立农户和散居农户集中建房。

1.1.4 改革创新，明确责任，建立村庄整治工作的推进机制

建立分级责任制，将村庄整治任务落到实处。省区市负责提出本地区村庄整治的引导性项目、阶段性目标与实施方案；县乡负责指导与实施组织。村庄自治组织负责组织具体项目的建设，村民自主投工投劳参与项目建设及管理。建设行政主管部门要按照统一部署，从农村工作大局出发，履行工作职责，加强部门协调，密切配合，整合资源，加大村庄整治工作的技术服务和项目实施的技术指导。

建立农民参与机制，动员组织农民广泛参与。村庄整治改善农民生产生活环境，广大农民非常欢迎，参与积极性高。要为农民参与村镇建设提供制度性保障，加强政府引导与支持，确立农民在村庄整治中的主体地位，尊重农民意愿和对项目的选择，充分调动农民自力

更生建设家园的积极性，激发农民自主、自强、勤勉、互助、奉献精神，让农民得到实际利益。凡是农民不认可的项目，不能强行推进；凡是农民一时不接受的项目，要先试点示范让农民逐步理解接受。

建立村庄公共设施管理的长效机制。村庄公共设施建设是手段，使用是目的，运营维护管理比建设更复杂、更具长期性。要创新体制和机制，探索村民自主管理的途径，组织引导农村干部群众参与公共设施运营维护与管理，通过村民缴费或村集体经济解决管理资金来源问题。逐步完善和推广村民理事会制度，在党支部领导下参与决策，直接听取村民的建议与诉求，畅通上情下达与下情上达渠道，密切基层组织与广大村民的联系，凝聚全体村民的力量搞好人居环境。凡能市场化运作的公共设施，均要积极利用市杨机制。

建立公推民选的村庄整治驻村指导员制度。各地要根据实际情况，与县乡机构改革和公务员分流安置相结合，建立基层公推民选的村庄整治驻村指导员工作制度，鼓励公务员特别是县乡公务员参与村庄整治。驻村指导员要切实负责对村庄整治的组织与技术指导，接受村镇建设助理员的业务指导和监督。要加强对村庄整治指导员的全面培训和资金与技术支持。

建立村庄整治的培训制度。要分期、分批培训新农村建设的村镇领导干部和驻村指导员。加强对农民建设新农村基本技能的培训，提高农民的参与能力。要有计划地组织各种形式的观摩学习，总结交流各地的经验，充分发挥各地示范点、示范村、示范镇的引导、带动和辐射作用，取长补短、相互借鉴。

建立村庄整治的督促检查制度。各地要加强对村庄整治实施过程中资金与实物使用的监管，防止挪用、滥用。建立上级对下级的督察机制，鼓励社会各界、新闻媒体和广大农民对村庄整治进行监督。要接受各级人大、政协和有关部门的定期或不定期督察。建设部将会同有关部门对村庄整治工作进行指导和监督。

1.1.5 组织动员各方面力量，形成合力，共同推进村庄整治工作

村庄整治工作要与当地农村的中心工作结合起来，与村务公开民主管理工作结合起来，与基层党建工作结合起来，与保持共产党员先进性教育活动结合起来，与增加农民收入、减轻农民负担的各项改革措施结合起来，使村庄整治切实成为为农民解决实际问题，为农民群众办好事做实事的工作平台。

农村和城市是一个有机统一的整体，农业发展是整个国民经济发展中的重要一环。要建立城乡一体互动的体制和机制，通过村庄整治促进城乡经济社会协调发展和城乡二元结构的逐步改变。要争取税收、补助、贴息等政策，鼓励和引导社会资本特别是工商资本参与村庄整治，建立和增加为村庄整治服务的金融产品。动员全社会力量，鼓励社会团体、志愿者积极参与村庄整治活动，改善农村人居环境。

各地要根据本地实际情况，制定村庄整治工作的实施意见。执行中的问题与建议，请及时告我部村镇建设办公室。

1.2 新农村建设概述

新农村是指按照"生产发展、生活宽裕、乡风文明、村容整洁、管理民主"的要求。农村村民居住和从事各种生产

的聚居点，分为基层村和中心村。基层村一般是指村民小组所在地，中心村一般是村民委员会所在地。

新农村建设，是指为适应新农村生产发展，生活改善，保护环境的需要而从事建筑物、构筑物及道路等基础设施的建设活动。它包括新农村建设规划、新农房设计施工、公共基础设施建设、村庄环境整治等规划建设管理方面的内容。

1.3 建设社会主义新农村的重要意义

新农村既是农民群众生活的居住地，也是发展生产的集散地。目前，占全国多数人口的农村在加快建设小康社会的进程中，全面推进社会主义新农村建设具有十分重要的意义。

（1）为发展农村经济创造良好的环境条件。村庄规划建设的原则是有利生产、方便生活。按照这一原则进行规划建设，统筹安排好、建设好农户的种植业、养殖业、加工业及公益福利事业等场所设施，促进农村经济不断增长，并与社会事业同步发展。

（2）可以改善农村的人居环境。通过规划建设，逐步改变村民建房设计不合理、建设品位低、建筑布局杂乱无章、浪费土地资源等状况。不断整治农村环境、美化村容村貌，以"环境整洁优美、思想道德良好、公共服务配套、人与自然协调"为主要内容，不断提高村庄的居住环境。

（3）有利于节约土地资源。土地是人类赖以生存和发展的基础。而我国人多田少，耕地资源不足，人地矛盾非常突出，土地承载能力濒临警戒线。目前，农村建房无规划、地乱占、房乱建、"空壳村"现象较为普遍。为此，建设社会主义新农村，按照"科学规划、合理布局、节约用地、保护耕地"的原则，搞好新农村规划建设，整合村庄土地资源，严格土地使用审批手续，不允许乱占滥建，浪费土地，才能实现经济社会的可持续发展。

（4）有利于配套基础设施建设。通过政府引导，使分散的村庄居民集中居住，逐步完善新农村的公共服务设施建设，有利于整治农村脏、乱、差环境，实现道路硬化、村庄绿化、庭院洁化和环境美化，不断提高村庄的集聚效应。

1.4 新农村建设与村庄治理的目标任务

新农村建设要通过发展经济，使农村居民达到生活资料比较丰裕，居住条件和生活条件明显改善，精神文化生活较为充实，健康水平进一步提高，社会化服务与社会保障日臻完善。按照生产发展、生活宽裕、乡风文明、村容整洁、管理民主的要求，明确目标任务，具体分为10点：

（1）经济发展。要以农民增收为目标，形成鲜明的产业特色。

（2）道路硬化。房屋之间应留足绿化空间，做到道巷硬化，排水畅通。

（3）统一供水。实施自来水入户工程，实行集中供水，可适当收取水费。要建小型水塔，防止停电后群众没有水喝。

（4）房屋整洁。房屋要布局有序，室内必须整洁，并养成良好卫生习惯。对于有条件的农户，可以引导他们对住房进行适当的家居装饰。

（5）人畜分离。村庄内生活区与生产区应严格分开，做到住宅集中连片，畜禽集中圈养。

（6）水冲厕所。现在厕所五花八门。要大力推广水冲式厕所，每个卫生间2平方米左右，用瓷砖镶嵌，既卫生又适用。

（7）沼气入户。要大力实施农村用沼气工程，基本解决农民生活用能问题。同时，在有条件的农户中，推广太阳能热水器或液化气热水器。

（8）环境优美。要发动群众集中整治"脏、乱、差"，使农村环境卫生工作走上经常化、规范化轨道。

（9）林果成荫。结合发展庭院经济，栽种桃、梨、橘子、枣等果树。

（10）文明和睦。要大力倡导健康、文明、科学的生活方式，提高农民群众的素质。进一步加快农村广播电视、通信网络建设，提高网络覆盖率，可以大大丰富农民群众文化生活。

2 村庄人居环境现状调查及存在问题

2005年建设部村镇建设办公室组织开展了"村庄人居环境调查",对辽宁、浙江、山东、陕西、云南、河南、湖北、湖南、江西等9省的43个县(市)、60个乡镇的74个村庄进行了入村入户实地调查,被调查的74个村分布广泛、类型多样;东部地区23个,中部地区34个,西部地区17个;平原村41个,丘陵村27个,山地村6个,具有一定的典型性和代表性。2004年底,以上74个村总共约有3.6万户、13万人,人均年收入在600元至1.09万元之间,其中大多数在3000~5000元。

该次调查主要涉及供水、排水、农民住宅、供电、通信、环境状况、生产与仓储、交通、防灾、供气与供暖、规划与安全等11类。通过对74个村庄的实地调查和对近700农户、上千位村民、近百个县乡干部及有关省市建设部门同志的访谈,结合对统计数据和其他调研资料的分析,初步揭示了当前我国村庄人居环境的基本状况与存在问题。

2.1 供水、饮水的安全问题

2.1.1 饮用水源

本次调查的村庄,17%左右的村庄由所在镇集中供水,17%左右的村庄由村集中供水,39%的村庄使用水库、山泉和渠道水源,其余村庄完全使用自备压水井。在调查中发现有些村庄饮用水铁含量极高,有些村庄饮用水氟含量极高。

一家人的饮用水。几乎是铁水。照片展示了曝气氧化、一次过滤除铁的简易水处理工艺流程,水质仍然不达标。

孩子的未来和氟斑牙、氟骨症病、智力发育的损失……

极不卫生的水源，有手拉井、脏水、牲畜、厕所、粪便和小虫

电泵、手拉、手压，均是从没有得到卫生保护的水源取水

2.1.2 供水方式

本次调查的村庄，超过50%的村庄使用自来水（其中一半的村庄是定时供水）；其余村庄完全没有使用自来水（其中有极少数村庄仍然依靠拉水），供水方式相对比较落后。

2.1.3 供水管道

本次调查的村庄，有些因为供水管道老化、破漏严重（部分村庄管道使用时间已将近15～30年），采用减少供水时间，增加供水次数的方式进行供水。有的村庄因为人口增加，供水管道难以承受而导致供水不足。有的村庄因地下水位下降，导致供水不足。同时，在有些小城镇建成区内的村庄，本可以使用市政供水，但由于镇村均无力承担更换主管道的费用，只能继续使用现有的破旧管道。

2.1.4 存在问题

（1）水文环境条件较差，形成苦咸水、高氟水区；

（2）气候变化导致河流、溪水流量减少，甚至断流，以及地下水减少造成居民饮水困难。

（3）工程环境改变，人为因素污染等造成饮水不安全。给水水源的安全防护距离不符合相关规范要求，造成饮水不安全。

（4）人口增长造成供水能力不足。

（5）设施老化，缺乏维修，供水能力下降甚至丧失供水能力，不能保证正常的供水。

（6）缺乏必要的水净化处理设备、消毒设施和除砂、防浑浊设施，没有定期对贮水设备进行清洗消毒造成饮水不安全。

2.2 排水

2.2.1 生活污水

本次调查的村庄，90%以上没有对生活污水加以处理。大部分村庄的明沟排水系统年久失修或者堵塞，甚至根本不存在。因此村庄明沟排水达不到每小时降雨量30毫米左右时路面

电井、辘轳井、手推水车，水源均没有得到保护

污水四处蔓延，严重影响了村容村貌

形形色色的旱厕、家庭厕所常常占据和污染了公共空间

这是个富裕的农村居民区，但是排水情况同样不容乐观，水塘成了垃圾场和某一家人的化粪池

她家有房和车，但仍然是用这样的相对比较落后的厕所

不积水的排水能力。有部分村庄内部道路进行了硬化，但没有修筑排水沟，影响硬化路面的寿命。同时，由于缺少排水设施，各种污水通过渗漏方式排放掉，造成农村地表水、地下水和土壤的污染。

2.2.2　农村厕所

本次调查的村庄，除了极少部分城市郊区的村庄，与市政排污系统相连，解决了改厕问题外，95%以上的村庄没有一个完成改厕工作。某些农户虽然进行了改厕，但只是加装化粪池，污水的问题仍然得不到处理。同时，由于缺乏下水道系统和集中的化粪池，多数农户的人畜粪便堆积在院内开挖的粪坑内，造成改厕困难。

2.2.3　生产污水

本次调查的村庄，由于村内的养殖户和养殖场都未对畜禽粪便进行无害化、减量化和资源化处理，达不到《禽畜养殖业污染物排放标准》的要求，养殖污水直接渗漏或流入场外排水沟里，对周围环境形成严重污染。

排水沟已经成了污水塘和粪堆，严重影响了生活和生产环境

2.2.4 排水方式

本次调查的村庄，农户的生活污水排水设施大多采取渗井的方式。如果院内没有渗井，院外的排水沟便成为生活污水排水设施。在没有排水沟的地方，生活污水就随处排放。

2.2.5 存在问题

（1）大部分村庄没有下水道和村级生活污水处理系统。家庭生活污水、养殖污水基本就地排放，导致地表水、地下水和土壤被污染。

（2）大部分村庄现有的明沟排水系统已经年久失修或者堵塞。大部分村庄厕所的改造还没有完成，即使进行了改造，也只是加装三格式化粪池，不让粪便裸露，污水仍然得不到处理。

（3）大部分农村的生活污水排放基本上采取渗井方式。当院内没有渗井时，院外的排水沟便成为生活污水的主要排放渠道。在没有排水沟的地方，生活污水随意排放，大大影响了村民饮水的安全。

（4）农村排水系统的不完善还表现在村庄竖向工程方面。很多村庄的住宅、庭院基地高度随意设置，没有与村内道路、排水沟渠统一考虑。

2.3 道路交通

2.3.1 村中道路

本次调查的村庄，只有一半略多的村庄至少有一条硬化的道路，剩余的其他村庄里没有任何硬化路面。同时，即使在有一条硬化主路的村庄中，仍然存在大量的宅前屋后的土路，村庄恶劣的交通条件给村民的出行带来严重不便。

2.3.2 过境道路

在本次调查的村庄中，过境道路穿行其中的占到将近50%，有超过30%的村庄村民受到交通安全威胁。过境公路穿越村庄时，缺乏道路交通管理设施，给村民出行安全造成重大隐患。

村中简陋的道路，下雨天泥泞难行之一

村庄路边没有排水沟，下雨后，泥泞难行

村中简陋的道路，下雨天泥泞难行之二

穿村路缺乏安全标志

没有安全标志的交叉路口

2.3.3 路灯

在本次调查的村庄中，超过一半的村庄完全没有路灯，在其他有路灯的村庄里，仅有30%左右的村庄常年有规律地使用路灯，但是晚上10点以前关闭；其他村庄仅在节日时能亮起路灯。同时村庄路灯集中分布在主街道两侧和娱乐活动中心周围，一般没有使用节能灯。对于长年有规律地使用路灯的大型村庄来说，每年的公共照明费用就达2~3万元。对于经济收入有限的村庄，就只能采取临时使用路灯的方式。

2.3.4 存在问题

调查中发现，许多村庄道路交通设施建设、管理不符合相关的国家标准，道路交通设施建设与村镇建设缺乏统一协调，村民的出行存在重大安全隐患。

（1）主要道路穿过村庄时，缺乏道路交通管理设施，缺少必要的交通标志、交通标线、隔离设施、路面缓冲设施和交通信号灯等，对村民的出行安全构成威胁。

（2）有些过境道路路基远远高于村庄内部宅基地的标高，并且过境道路没有边沟，降雨时极易在村庄内部形成内涝。

（3）交通情况和道路性质不明确，追求"宽马路"、"直马路"，或者"过硬"，或者"硬度不够"，道路情况良莠不齐。

（4）路网规划没有做到因地制宜，多采取方格式的城市型路网结构。

（5）无道路横断面设计。

（6）没有考虑道路交叉口设计。

（7）道路绿化不够。

（8）重视车行需要，忽视人行交通组织。

2.4 住宅庭院

在被调查的大部分村庄中，住宅庭院存在"人畜混杂"现象，而且相当普遍。家庭养殖业是农民增收的可靠来源，但"人畜混杂"又是农民多支医疗费的祸根，也是左邻右舍之间产生矛盾的诱因。因此住宅庭院存在的主要问题是：

（1）庭院中人畜混杂，卫生条件恶劣，容易引起疫情的发生，对农民的身体健康形成威胁。

（2）农民往往把禽畜粪便不经过任何处理直接当作肥料撒到田地里，容易造成土地过营养化。

（3）庭院里修建禽畜圈舍，容易对周围邻居的生产生活环境产生影响，造成农户之间的不和睦。

现代化的住房和房后的猪圈

2.5 生活垃圾

生活垃圾存在的问题

（1）不科学的垃圾处理给农业的可持续发展留下了严重后患，同时也威胁到城市和农村饮用水的安全。

（2）许多村庄没有集中的生活垃圾堆放点，村集体也不负责填埋垃圾，由各户随意填埋，造成对环境的污染。

（3）经过处理的垃圾，也往往是在没有任何处理及分类的情况下，填埋在没有经过地质条件论证的土坑里，或者填埋在不适宜的地方，如水源地沿岸、泄洪道内、村庄内外的池塘里、村庄居民点的边缘等，有的甚至堆放在居民密集的居住区边缘。村庄中没有任何生活垃圾填埋场经过环境保护工程设计。

垃圾填埋在不应当填埋的地方，如水源地沿岸、泄洪道里、村庄内外的池塘里、村庄居民点的边缘，造成对环境的极大污染

（4）村庄不具备防渗设施和将雨水排出场外或进入蓄水池的导流坝和顺水沟。

（5）因布局不合理和管理缺失，很多建设实际上形同虚设，例如集中规模养殖往往局限于几个村、组的部分养殖大户，更多的群众依然延续着分散的家庭养殖，导致生活垃圾肆虐。

（6）村庄往往缺乏集体经济来支撑生活垃圾的收集和处理。

2.6 防灾

2.6.1 消防方面存在的问题

（1）大部分村庄没有按相关消防法规在村庄建立消防设施，如消火栓或消防井，村庄在公共消防设施和消防装备上的投资基本为零。

（2）农村公共消防设施和消防装备以及家庭自备消防装备严重缺乏。有自来水的地方，自来水是惟一的消防给水。如果没有自来水，水缸里的水就是消防给水。

（3）很多村庄距离消防站在10公里至100公里以上，这个距离远远超出了每个消防站责任区10平方公里的标准要求。

（4）消防通道往往被随意搭建的建筑物、堆放的柴草和晚上停泊在院落内外的大量机动车辆堵塞，导致救火工作不能及时展开。

（5）存在多种火灾隐患，例如，日用家电增加，户内电线长期超负荷运行导致线路老化；家庭内部供电设备破旧不堪或不规范；罐装煤气、煤炉、柴灶、火炕等多种燃烧器具同时使用；木结构住宅缺少必要的消防措施；粮食储藏房上房下；户外柴草四处堆放。

2.6.2 防洪防涝方面存在的问题

（1）农村避洪排渍的能力弱小，农村防涝设施薄弱，集体几乎没有能力组织村民消除涝、渍、滑坡或塌陷。

木结构住宅，不规范和老化的电线，不符合灭火标准的消防水源

（2）部分乡村干部的防洪排涝意识相当薄弱，防洪排涝的长效机制没有建立，导致没有达到未雨绸缪的目的。

（3）农村河沟、河流受阻，不通畅极为普遍，严重影响防洪排涝。

2.7 公共服务设施

在本次调查的村庄中，将近90%的村庄没有公共厕所，50%以上的村庄完全没有公共活动场所。有的村庄虽然向村民提供了部分公共服务设施，但质量不高，不能满足村民的生活需求。

2.7.1 公共服务设施方面存在的问题

（1）主要表现在配套项目不够全面、配套面积指标不能满足村民生产和文化生活进一步发展的需求。

（2）村干部对公共服务设施的关注程度相对比较淡漠，难以形成比较完善的村庄管理机制。

（3）由于集体经济拮据，村里难以建设和完善公共服务设施。

2.7.2 公共卫生防疫设施存在的问题

（1）几乎没有发现村集体具有消除蚊蝇、老鼠、蟑螂等各种鼠害和病媒昆虫的设备和药物。

（2）没有村庄范围内的人畜粪便、

处在危险之中的农房

这些村民习惯聚集的地方可以经过整理，种上花草，设置几把椅子和小桌，即可成为村里的公共活动场所

山体滑坡、崩塌和泥石流随时可能发生

私人经营的公共浴池，应该讲究公共卫生，同时应该承载超出私人商业运作的社区功能

污物和无害化处理的公共设施。

（3）没有任何针对可能存在病原体的环境、物品、动物、媒介昆虫等所采取的措施，或对可能受病原体威胁的村民所采取的措施。

（4）随处可见容易滋生蚊蝇和发生疫情的污物、垃圾等。村庄居民点内卫生防疫仍然是空白。

典型的乡村医生和卫生室

30年前的"人民会场"衰败了

集体仓储变成家庭仓储后，易于滋生鼠害，因此，灭鼠及提供防疫手段是农村卫生防疫的重要方面

3 村庄整治指引

3.1 基本原则

3.1.1 资源整合利用、落实"四节"的原则

（1）村庄整治要贯彻资源优化配置与调剂利用的方针。提倡自力更生、就地取材、厉行节约、多办实事。

（2）村庄整治应充分体现节地、节能、节水和节材的"四节"方针。

3.1.2 因地制宜、分类指导的原则

（1）按不同地域分类指导。东部、中部、西部的经济、社会发展水平差距较大；山区、丘陵、平原地域不一样；寒冷、冬冷夏热、夏热冬暖地区气候条件差别很大。因此，对于不同地域村庄的整治，对其各类公用设施的改造与完善，均应因地制宜，不搞一个模式一刀切。

（2）按不同类型分类指导。对于古村保护型村庄，村内建筑新旧交叉、质量参差不齐的村庄以及整村新建的村庄，进行整治的工作方法差别很大，应根据各村特点具体分析对待。

（3）按不同区位条件分类指导。充分利用区位优势，城镇建成区郊区的村庄，应以邻近的城镇化、现代化环境为依托，最大限度地利用城市已有的包括道路交通、给水排水、电力电讯、污水及垃圾处理等公用设施，提升村庄的综合功能和环境质量。

（4）按不同经济水平分类指导。城镇密集地区（长江三角洲、珠江三角洲等）村庄的整治，要以有利于尽快实现城镇化为目标，整治措施直接与"三集中"挂钩，统筹安排，优化整合。

3.1.3 区别对待，多模式整治的原则

（1）散户散村及地质灾害和易受自然灾害的村庄迁建。对分散在山区等位置不当、规模小、建筑及环境质量差的散居户和自然村落，以及处于地质灾害、易受自然灾害侵袭村落，可向中心村和有一定规模的大村迁建。

（2）村庄就地整治。对具有一定规模且已有某些公用设施的村庄，应充分利用原有的设施和条件，实施整村整治，根据需要进行少量拆建和改建。

（3）城中村改造。对城镇规划建设区内基础设施薄弱、建设无序、人居环境较差的自然村落，应按规划要求实施控制、整治改造和重建。

（4）空心村整治。坚持一户一宅的基本政策，对一户多宅，空置原住宅造成的空心村，应合理规划，民主决策，拆除旧宅，按新村建设要求进行整治建设。

3.1.4 保护历史遗存、弘扬传统文化的原则

（1）在村庄整治中，注重对乡土文化的研究、继承与发扬，深入挖掘村庄发展的历史特征，在保护和修复具有历史文化价值的建（构）筑物的同时，注重对村落空间格局及周边环境要素、环境氛围的保护。

（2）在村庄整治，特别是历史久远的传统村落的整治工作中，应重点协调处理好文化遗产的保护、利用与经济快速发展的关系，严格避免建设性破坏。

（3）在村庄整治中，物质文化遗产的保护应与非物质文化遗产的保护协调考虑，并与村庄生产发展、村风文明建设等工作相衔接，促进村庄建设的可持续发展。

3.1.5 创造宜居环境的原则

（1）在村庄整治中，对村容村貌的整治要做好"三清三改"——清垃圾、清污泥、清路障、改水、改厕、改路。

（2）清理空心房、废弃旧房、猪牛羊圈，实行人畜分居，整治村庄环境。

（3）注重宜人家居环境的营造，促进家庭和睦、代际和顺、邻里和谐。

3.2 道路交通

（1）村庄道路路面必须硬化，硬化路面的种类有：砖、石、预制块等铺垫路面，三合土路面、沥青（柏油）路面、

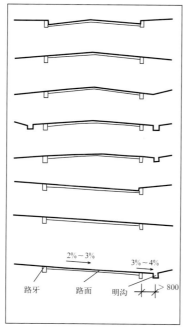

图 3-1 道路断面形式

水泥路面。路面硬化宽度，村庄主干道为 5~8 米，宅前小路为 1.5~3 米。道路两侧设置排水沟渠。道路断面形式见图 3-1。

（2）村内主次道路应通达顺畅，平原地区村庄应通过整治改造打通主要道路的尽端路、死胡同。

（3）村庄道路标高原则上应低于两侧宅基地场院标高，并结合各类工程管线改造要求统一考虑。

（4）村庄内部通行机动车的桥梁必须标明限重、限高；近期难以改造的涉水路段必须明确标识允许安全通行的最高水位。

（5）村内道路通过学校、商店等人流密集的路段时，应设置交通限速标志及减速坎(杠)，保证行人安全。

（6）村庄道路与过境公路、铁路等交通设施平交时，水平相交路段不应小于10米，并设置相应的交通安全设施及标志。

（7）过境公路穿越村庄时，两侧建筑物、构筑物必须根据相关规范满足安全要求，并设置相应的交通安全设施及标志。

（8）村内主次道路交叉口视距三角形范围内不得有阻碍驾驶人员视线的建筑（构）筑物和其他的障碍物，如有绿化其高度不得高于0.7米（图3-2、图3-3）。

（9）村内主次道路交叉口的缘石半径不小于6米。路牙选材宜结合地方材料选取。

（10）村庄主要道路平面交叉时应尽量正交，必须斜交时，锐角应大于45°。近期难以满足上述要求的，应通过加大交叉口锐角一侧缘石半径，清除视距三角形范围内阻碍视线的障碍物等方式保证车辆通行安全。

（11）村内尽端式道路应设置不小于10米×10米的回车场地或设置回车道。

（12）村庄道路行道树株间距离以8~12米为宜，树池为1~1.5平方米，

树坑中心与地下管道水平距离不小于1.5米。

（13）村庄道路纵坡不小于0.3%。平原、微丘地区纵坡一般取3%，山丘、重丘区一般不大于5%。当纵坡坡度大于4%时，连续坡长不宜大于500米。

（14）村庄道路横断面应设置横坡，坡度大小在1%～3%之间，干旱(西部)地区横坡取最低值，多雨(中、东部)地区取高值。

（15）村庄道路两侧必须设置排水沟渠，并根据当地降雨量计算确定排水沟渠宽度及深度。

（16）道路施工的一般做法：道路施工主要包括路基施工、路面施工及排水沟渠施工，先进行路基施工，后进行路面施工。路基施工必须采用土方或石方压实，路面施工可参照以下做法结合地方实际选择建设（图3-4～图3-8）。

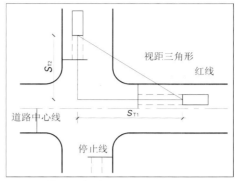

图3-2　视距三角形

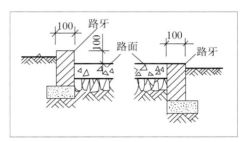

图3-3　道路路牙做法示意

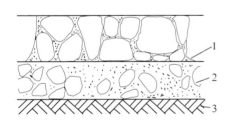

图3-4　石块路面（多水地段使用）

石块路面做法：
(1) 150～300毫米厚干砌毛石或块石，缝内填砂，先压实后填砂。
(2) 150毫米厚级配砂石压实垫层。
(3) 路基夯实。

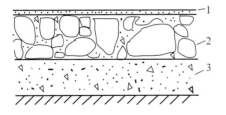

图3-5　沥青表面处理路面

沥青路面做法：
(1) 喷洒15～20毫米厚沥青分层铺砂操作。
(2) 160～200毫米厚碎石压实（级配石）。
(3) 150毫米厚粗砂（天然级配砂石）。

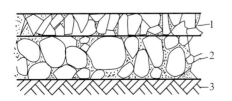

图3-6　碎石路面

碎石路面做法：
(1) 80毫米厚级配碎石压实，缝内撒砂。
(2) 铺150～200毫米厚天然级配砂石或2:8灰土。
(3) 路基压实。

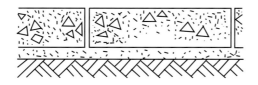

图 3-7 混凝土路面

混凝土路面做法：
(1) 现浇做法：用 C20~C30 混凝土现浇 100~200 毫米厚，路面压实。
(2) 预制做法：用预制 500 毫米 × 500 毫米 × (100~150 毫米厚) 混凝土砖铺砌。铺砌时可用 25 毫米厚砂垫层或 1:3 砂浆砌。路基压实。

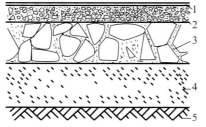

图 3-8 沥青混凝土路面

沥青混凝土路面做法：
(1) 表面喷热沥青一道，再铺砂。
(2) 50 毫米厚细石沥青（粒径小于 10 毫米）压实。
(3) 150~250 毫米厚碎石压实。
(4) 150 毫米厚 2:8 或 3:7 灰土。
(5) 路基压实。

3.3 给水

（1）通过村庄给水工程整治，应逐步实现村庄集中供水，供水到户，满足农村地区人畜安全、方便饮用。

（2）村庄供水水质应符合《生活饮用水卫生标准》(GB85749) 的规定，并做好水源地卫生防护、水质检验及供水设施的日常维护工作。

1）南方地下水丰富，且水质较佳地区，可采取简易水质处理办法供水，其过程是：沉淀→过滤→消毒。

2）有条件村庄可考虑建造小型水厂供水。水厂设计要满足水量、水质、水压等的要求，可建造水塔或储水池。

3）水厂的施工步骤：

第一步：取水点施工。钻井或挖井取地下水都必须保证有足够的水量满足卫生要求。取用地表水应注意水源的防护。

第二步：取水附属用房施工。根据水厂供水量大小及经济条件而定。

第三步：建造水塔或储水池。水塔高度以建筑物一层为 10 米，二层为 12 米，三层以上每加一层增加 4 米来确定。水塔的容量可从总水量周转 3~4 次考虑。目前有的地方采用变频供水，即自动调节水压，可不建水塔。

第四步：铺设供水管道。注意主管与支管交接处装阀门，并设置检查井。在设计时，铺设水管与泵房建造同时进行。

第五步：通水试压。检查供水管道是否安全可靠。

4）水厂需配备专门人员管理，随时观察水源，检查仪表、水表，定期清洗管网，保障安全供水。

（3）邻近城镇的村庄，可通过连接城镇供水管网供水到户。有条件的地区，倡导建设联村联片的集中式供水工程。

（4）村庄给水工程的设计规模，可参照《村镇规划标准》(GB50188—93) 和《农村给水设计规范》(CECS82:96) 确定。根据《农村饮用水安全卫生评价体系》规定，农民生活用水量，西部每人每天不低于 100 升，中东部地区每人每天不得低于 120 升。

（5）暂无条件建设集中式供水设施的村庄，应加强对分散式水源（水井、水池、水窖、手压机井等）的卫生防护，水井周围 20~30 米范围内，清除污染源（粪坑、渗水厕所、垃圾堆、牲畜圈等），并综合整治环境卫生。

（6）村庄的输配水管线与道路结合布置，并设置消火栓，间距不大于 120

米；有条件的村庄结合自然水体作为村庄消防用水。

（7）输配水管道应铺设在冻土层以下，并应根据需要采取防冻保温措施；输配水管道距离树木及建筑外墙不小于1.5米，与污水排放沟渠或管道的间距应不小于0.5米；输配水管道材料可选择焊接钢管、无缝钢管、铸铁管、自应力钢筋混凝土管、预应力钢筋混凝土管、聚丙烯塑料管等。

（8）淡水资源匮乏地区，可利用屋顶有组织排水或建造人工集雨场及水窖收集雨水，经存贮处理后，作为村庄生活用水的补充水源。

3.4 排水

（1）通过村庄排水工程整治，应逐步实现"雨污分流"的排水体制，雨水及污水处理达标后方可排放沟渠或农业灌溉，应确保雨水及时排放，防止内涝。

（2）村庄的污水处理设施包括集中式和分散式两种。集中式可采用如氧化沟、生物塘（稳定塘）、人工湿地、生物滤池、地埋式污水处理一体化设备（图3-9、图3-10）等设施。分散式可采用如三格式化粪池、双层沉淀池等简易设施。

（3）有条件的村庄可采用管道收集生活污水。

1）排污管道管材可根据地方实际选择混凝土管、陶土管、塑料管等多种材料。

2）污水管道依据地形坡度铺设，坡度应不小于0.3%，以满足污水重力自流的要求。污水管道应埋深在冻土层以下，并与建筑外墙、树木中心间隔1.5米以上。

3）污水管道铺设应尽量避免穿越场地，避免与沟渠、铁路等障碍物交叉，并应设置检查井。

4）污水量以村庄生活总用水量的70%计算，根据人口数和污水总量，估算所需管径，最小管径不小于150毫米。

（4）村庄雨水排放可根据地方实际采用明沟或暗渠方式。排水沟渠应充分结合地形，使雨水及时就近排入池塘、河流或湖泊等水体。

（5）排水沟渠的纵坡应不小于0.3%，排水沟渠的宽度及深度应根据各地降雨量确定，宽度不宜小于150毫米，深度不小于120毫米。排水沟渠断面形式见图3-11、图3-12。

（6）排水沟渠砌筑可根据各地实际

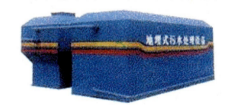

图3-9 地埋式污水处理设施

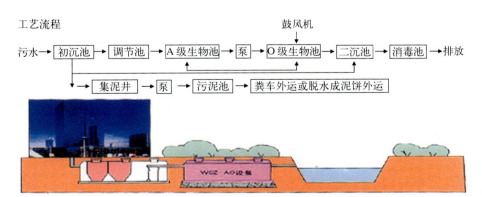

图3-10 地埋式污水处理设备及工艺流程图

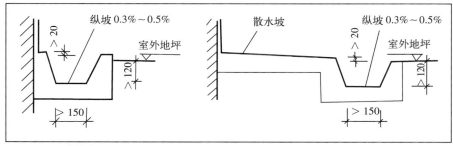

图 3-11 明沟排水

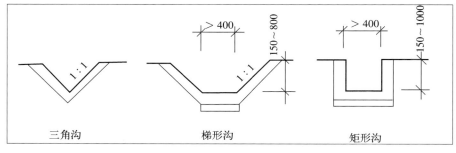

图 3-12 排水沟渠断面形式

选用混凝土或砖石、鹅卵石、条石等地方材料。砌筑方式可根据图 3-13 参考选用。

(7) 加强排水沟渠日常清理维护，防止生活垃圾、淤泥淤积堵塞，保证排水通畅，可结合排水沟渠砌筑形式进行沿沟绿化。

(8) 南方多雨地区房屋四周宜设置排水沟渠；北方地区房屋外墙外地面应设置散水，宽度不小于 0.5 米，外墙勒脚高度不低于 0.45 米，一般采用石材、水泥等材料砌筑；新疆等特殊干旱地区房屋四周可用黏土夯实排水。

3.5 粪便处理

(1) 公共厕所和户用厕所的建设、管理和粪便处理，均应符合国家现行有关技术标准的要求。

(2) 在车站、码头、公园、集贸市场等公共场所应设置公共厕所。

(3) 公共旱厕应采用粪槽排至"三格式"化粪池的形式，粪池容积应满足至少 2 个月清掏一次的容量为准。粪池也可与沼气发酵池结合建造。公共旱厕的大便口和取粪口均应加盖密闭，并确保粪池不渗不漏不冻。

(4) 公共旱厕的小便池宜改用简易的小便斗，尿液直接排至粪池，禁止大面积尿池开敞暴露而导致臭气污染环境。

(5) 集中的禽畜饲养场应与沼气设施相结合，大量的禽畜粪尿可直接排入

图 3-13 排水沟渠断面做法

沼气发酵池内。将粪便、厨房垃圾等有机物投入池中发酵后产生可燃沼气，出料即为肥料。

（6）沼气池根据建造方式可分为：分散式家用沼气池；集中式大型沼气池；与旱厕连建式沼气池（三格式化粪池）；以沼气为纽带的"四位一体"生态产业，"四位一体"即由沼气池、畜禽舍、三格式化粪池和日光温室组合而成，具有产气、积肥同步，种植、养殖并举，能流、物流良性循环功能的能源生态综合利用体系。

（7）沼气池一般做法可参照图 3-14。沼气池的建造如下。

1）沼气池的建设选址。应选择地基好的地址，尽量避开地下水和软弱的地基，坚持与畜圈、厕所结合修建，并方便进料和出料。

2）选择合格的建池材料。水泥必须使用强度合格的不过期水泥。砂应选择干净的河砂，以中粗砂最好。石子的粒径一般为 2 厘米的小石子。砂石中不允许有泥土等杂质。

3）要请合格的技工建池，必须取得国家职业资格证书的技工才有资格建池。

4）必须购买合格的沼气设备，包括输气管、压力表、开关、灯具、节头等。

5）一定要安装出料器，方便省力且安全。

6）沼气池的质量检验。按国家标准进行试压检验，坚持沼气技工、质量检验员和用户三方共同验收，试压检验与点火用气效果均应合格。

（8）无害化卫生厕所覆盖率100%，普及水冲式卫生公厕。户用旱厕为渗水式厕所时，周围20～30米范围内不得设置抽水式水井，结合当地条件可推广应用卫生旱厕。

（9）户用旱厕粪便和分散饲养的禽畜粪便应及时收集并用密闭容器送至沼气发酵池中。

（10）对于公厕、户厕、禽畜饲养场（点），均应建立并严格执行及时清扫和消毒等防控疫病等管理制度。

（11）公共厕所建设标准应不低于 30～50 平方米/千人（住户有厕所的取下限，无厕所的取上限），每厕最低建筑面积应不低于 30 平方米。

3.6 垃圾处理

（1）垃圾收集采用"每户分类收集—村集中—镇中转—县处理"的模式。

（2）生活垃圾及其他垃圾均要及时、定点分类收集，密闭贮存、运输，最终由垃圾处理场进行无害化处理。

（3）生活垃圾收集点的服务半径不宜超过70米，生活垃圾收集点可放置垃圾容器或建造垃圾容器间。市场、车站及其他产生生活垃圾量较大的设施附近应单独设置生活垃圾收集点。

（4）垃圾收集点、垃圾转运站的建设应做到防雨、防渗、防漏，保持整洁，不得污染周围环境，并与村容村貌相协调。垃圾池形式、垃圾转运站可参照图3-15、图3-16。

（5）医疗垃圾等固体危险废弃物必须单独收集、单独运输、单独处理。

（6）村庄垃圾填埋场原则上由城镇统一规划设置。

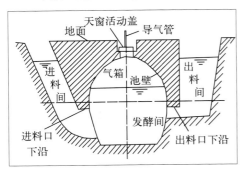

图 3-14　沼气池构造示意

图3-15 垃圾池

图3-16 升降式垃圾转运站

3.7 减灾防灾

（1）根据村庄周围的地形地势，采用"避"、"抗"等有效措施，减小由于洪水、飓风等自然灾害对村民生命财产安全构成的威胁。

（2）高度重视公共安全。托幼、中小学、卫生院、敬老院、老人及儿童活动中心等公共建筑，均不得建在有山体滑坡、崩塌、地面塌陷、山洪冲沟等存在地质危险隐患的地段。已在这类地段上建成的公共建筑，必须全部拆迁，另行选址，妥善安置。

（3）在区域范围内统一设置泄洪沟、防洪堤和蓄洪库，防洪设施结合当地江河流域、农田水利设施统一考虑；对可能造成滑坡的山体、坡地，应加砌石块护坡或挡土墙。

（4）拆除危房，并按当地抗震设防烈度，对不安全的农房进行加固。

（5）在村庄的风口或迎风面，种植防风林带或采取挡风墙等措施以缓解暴风对村庄的威胁和破坏。

（6）按照"公共卫生突发事件应急预案"的规定，村庄应设突发急性流行性传染病的临时隔离、救治室。

（7）农宅、公共建筑、工业厂房等规划设计及建造中进行消防安全布局、消防通道、消防水源建设；凡现状存在火灾隐患的农宅或公共建筑，应根据民用建筑防火规范进行整治改造。

（8）结合农村节水灌溉、人畜饮水工程等同步建设消防水源、消防通道和消防通信等农村消防基础设施；结合给水管道设置消火栓，间距不大于120米，并设置不小于3.5米的消防通道，将公共水塘作为消防备用水源。

3.8 传统建筑文化的保护

（1）村庄整治应严格贯彻《文物保护法》等有关法规，继承和发扬当地建筑文化传统，体现地方的个性和特色。

（2）对始建年代久远、保存较好、具有一定建筑文化价值的传统民居和祠堂、庙宇、亭榭、牌坊、碑塔和堡桥等公共建筑物和构筑物，均要悉心保护，破损的应按原貌加以整修。

（3）加强保护村庄内具有历史文化价值的传统街巷，其道路铺装、空间尺度、建筑形式、建筑小品及细部装饰，均应按原貌保存或修复。

（4）对于村庄内遗存的古树名木、林地、湿地、沟渠和河道等自然及人工地物、地貌要严加保护，不得随意砍伐、更改或填挖。必要时应加设保护围栏或疏浚修复。

（5）历史文化建筑及街区周边新建建筑物，其体量、高度、形式、材质、色彩均应与传统建筑协调统一。

（6）保护历史标志性环境要素，历史标志性环境要素包括街巷枢纽空间、古树、古井、匾额、招牌、幌子等物质要素和街名、传说、典故、音乐、民俗、技艺等非物质要素两大类。后者可通过碑刻、音像或模拟展示等方法就地或依托古迹遗存等公共场所集中保留，并在规划中加以弘扬。

3.9　村庄环境面貌

（1）注重村庄环境的整体性、文化性和公众性，不宜刻意设置大型集中公共绿地，可充分利用地形地貌进行绿地建设，尽量利用村边的水渠、山林等进行绿化布置，以形成与自然环境紧密相融的田园风光。

（2）拆除街巷两旁和庭院内部的违章建筑，整修沿街建筑立面，种植花草树木，做到环境优美，整洁卫生。

（3）村庄出入口、村民集中活动场所设置集中绿地，有条件的村庄结合村内古树设置；利用不宜建设的废弃场地，布置小型绿地；可结合道路边沟布置绿化带，宽度以1.5~2米为宜；绿化品种选择适宜当地生长、符合农村要求、具有经济生态效果的品种。

（4）农宅庭院整治：房前屋后、庭院内部可栽树、种草、种花，树种选择应以有经济效益的地方树种、花卉为主。

（5）整治村庄废旧坑（水）塘与河渠水道。根据位置、大小、深度等具体情况，充分保留利用和改造原有的坑（水）塘，疏浚河渠水道；有条件的改造为种养水塘。

（6）引导村民按照规定的样式、体量、色彩、高度建房，整治村庄主要街道两侧建筑，通过粉刷等方式进行立面修整，形成统一协调的村容村貌，传承地方文化与民居风格。

（7）集中禽畜养殖场圈应利用地形合理布置，并设置于居住用地的下风向。

3.10　公共活动场所

（1）整治现有公共活动场地，通过地面铺装、配置广告橱窗、阅报栏、旗杆、灯具等方式完善场地功能。

（2）尚无公共活动场地的村庄，通过村庄整治予以配置，场地位置要适中，面积按每人0.5~1平方米计算。村委会、文化站等建筑应结合公共活动场地统一建设。

（3）地表水丰富地区，结合现有水面整治利用或修建公用水塘，并定期维护，及时清淤，保持水面洁净，不断改善堤岸亲水环境。

水塘能对地下水起调节作用，提供农民的农具清洗和牲畜饮水，还能起到消防的作用，公共水塘规模200人以上村庄占地0.2~0.4公顷，公共水塘形态应结合自然地形，以自由舒展体现乡村特点为宜。

（4）中、东部地区由于河渠较多，公共水塘宜结合自然水体设置，保护原生植被，人工护坡宜采用当地材料修砌。

3.11　村镇两地占房与"空心村"

（1）严格按照村镇建设用地标准和建筑面积标准进行村庄整治。着重整治村镇多处占地占房和"空心村"现象，通过村庄整治达到节约用地的目的。

（2）整理村内废弃的宅基地、闲置地，配套必要的公用设施，重新加以综合利用或作为新宅基地分给新建房户。

（3）影响村内主要道路通行的农房予以拆除，废弃的危旧柴房或其他闲置附属用房也进行拆除，质量较好的闲置房或附属用房根据规划进行转让，或改造作为生产养殖用房等。农房正房的拆除率不高于10%，废弃危旧房的拆除率不低于90%。

（4）严格执行"一户一宅"，如已选新址建房，原宅基地应退还村集体。

3.12 生态建设

(1) 充分利用路旁、宅院及宅间空地，种植经济作物等绿色植物，防止水土流失。

(2) 多种能源并举，利用太阳能、沼气、生物制气等天然能源和再生能源取代燃烧柴草与煤炭，减少对空气和环境的污染。

(3) 农作物秸秆还田、制气或用作禽畜饲料，重视资源的再利用。

村庄整治项目配置见表3-1。

村庄整治项目配置表　　　表3-1

项目编号	项目	项目内容	该项目是否选择	技术措施	用工量(人力和材料)	技术措施说明	备注
A类	公共服务及基础设施网络						由中央财政及各级政府投资建设
B-1	村庄(集镇)至中心村道路(外部道路)	道路宽度					
		道路材料					
		村外停车场地					
B-2	村庄内部的主要道路硬化	道路宽度					
		道路材料					
		村内停车场地					
B-3	村庄供水设施建设	饮用水水源改造					
		给水管网新建或改造					
B-4	村庄内部房屋周围的排水沟渠建设	雨水收集设施					
		与道路结合的沟渠设计					
		污水处理					
B-5	村庄厕所建设(生态化厕所)	公共厕所选址					
		公共厕所土建施工					
		公共厕所卫生维护					
		粪便无害化处理					
B-6	集中畜禽舍圈建设(人畜分离)	土建施工					
B-7	集中沼气池建设	沼气处理设施					
		土建施工					
B-8	村庄垃圾收集设施建设	垃圾收集点建设					
		垃圾收集车辆及转运站(点)					
		垃圾堆肥或厌氧消化设施					
B-9	村容村貌整治	村民住宅外墙面粉刷					
		村民住宅院落围墙整治					
		村落道路两侧绿化					
		村落道路两侧座椅					
		村落内标识和标牌					
		灯具布置					
		村落出入口景观改造					
B-10	村庄集中场院建设	场地平整					
		场地铺装					
		场地设施(座椅、宣传栏等)					
B-11	村民活动室建设	土建施工					
		室内设施建设					
B-12	村庄公用水塘建设	土方施工					
C类	六小工程、安居工程、新型建材及能源应用、信息化工程						政府资金引导，农户自主参与，利益到户
合计							

4 新农村治理规划编制

4.1 什么是新农村治理规划

新农村治理规划是在乡镇域总体规划所确定的村庄规划建设原则的基础上，统筹城乡发展，进一步确定一定时期内村庄的建设规模、范围和界线，对村庄建设进行综合布局与规划协调，统筹安排村民建房以及各类基础设施和公共设施建设，为村庄居民提供适合当地特点、与规划期内当地经济社会发展水平相适应的人居环境。

4.2 新农村治理规划编制的原则

（1）有利生产，繁荣经济。引导从事第一产业的农村人口在村庄集中居住，突出种、养、加工业，鼓励从事第二、三产业的人口进城、进镇居住，推进城市化进程。

（2）远近结合，以整治为主。以对规模大、区位好、基础设施配套的现有村庄进行整治、扩建为主，以新建村庄为辅。要综合考虑远期发展的适应性和近期建设的完整性。所有集中改建和新建的村庄应统一规划，分步实施。

（3）保护环境，防止污染。要有净化环境的绿化用地和消除环境污染的设施用地，有污染的建设项目必须远离生活区，以提高农民的生活质量。

（4）因地制宜，突出特色。要结合本村地形地貌和原有建筑的实际，尽量创造富有地方特色的村庄景观风貌。

（5）布局紧凑，功能合理。在进行村庄规划时，既要满足实用要求，又互不干扰，功能明确；既考虑建筑密度、房屋间距、道路宽度的要求，又不扩大建设用地。

（6）不挖山、不砍树、不填塘。

（7）配套建设，方便生活。在规划中重在公用设施及公益事业的建设上作出合理配置，满足农民生产、生活需要。

（8）节约用地，保护耕地。充分利用村庄内原有空闲地、丘陵、缓坡地及其他非耕地进行建设。

（9）合理选址，避开灾害。村庄建设用地选址应避开山洪、滑坡、泥石流、地震断裂带等自然灾害影响的地段，避开自然保护区和地下开采区。

4.3 新农村治理规划的调查研究与基础资料分析

编制村庄建设规划应对村庄的发展现状进行深入细致的调查研究，做好基础资料的收集、整理和分析工作。规划需收集以下基础资料：

（1）规划资料。应收集乡镇总体规划、经济社会发展规划、土地利用总体规划等编制本规划所需要的资料。

（2）人口资料。现状人口和规划人口规模，含总户数、性别、人口增长率和死亡率、劳动力等，还要充分考虑城乡协调发展的人口变化规律。

（3）气象水文地质资料。含全年降雨量、日照时数、气温、风向风速、海拔标高等资料；工程地质、水文地质等资料。

（4）经济资料。含种养殖业的单产总产，经济效益等。

（5）历史资料。历史文化、建筑特色、风景名胜等资料。

（6）现状资料。包括房屋用途、产权、建筑面积、层数、建筑质量，以及各类公用设施、基础设施的资料。

（7）造价资料。建设工程的造价资料。

（8）现状资料。含村庄地形图及现状图。比例为1∶500或1∶1000。

4.4 新农村治理规划编制的内容

新农村规划由乡镇人民政府负责组织编制，县级人民政府建设主管部门应当给予指导。编制内容有六项：

（1）确定村庄规划区的范围、用地规模、发展方向、建设特点和规划建设期限（一般为5～10年）。

（2）确定用地标准。（1）人均建设用地标准。村庄规划人均建设用地指标按以下要求控制：以非耕地为主建设的村庄，人均规划建设用地指标100～120平方米，对以占用耕地建设为主或人均耕地面积0.7亩以下的村庄，人均规划建设用地指标60～80平方米①。（2）建设用地标准。村庄规划中的居住建筑、公共建筑、道路广场、绿化及其他用地所占比例：居住建筑用地占65%～75%；公共建筑用地占2%～5%；道路广场用地占8%～15%；绿化用地占4%～6%；其他用地占5%～10%。

（3）建筑密度和间距的确定：①建筑密度（指所有建筑物占地面积与规划区占地面积之比。建筑物占地面积一般为30%～40%）；②建筑间距，村庄房屋要尽可能安排南北朝向，尽量避免东西向布置。房屋间距应满足当地日照间距的要求，且不得小于10米。山墙间距不小于4米。联排式住宅不宜超过4户，建筑物间距的计算一般以建筑物外墙之间最小垂直距离为准。

（4）确定各类公用设施。如道路、供水、排水、绿化等以及各类公共建筑，如商店、学校、医务所、文体活动场所等布局及实施步骤。

（5）确定环境保护、防灾等各项措施。

（6）确定规划实施的目标、途径和先后顺序。

4.5 新农村治理规划编制的方法和步骤

村庄建设规划是一项涉及面很广，技术性很强的工作，根据经验，一般的方法和步骤如下：

（1）技术准备。查阅有关资料、规划实例，走访有关单位，制定具体工作计划，准备用品和用具等。

（2）现场测量。对建设规划区内的地形地貌进行测量，绘制村庄现状图（1∶500或1∶1000）。

（3）提出方案。按照村庄规划原则提出多个方案进行分析比较，最后选定最佳方案。

（4）编制规划。依据方案，编写规划纲要和绘制规划草图。

（5）征求意见。以会议形式向有关人员及上级主管部门征求意见，提交村民大会讨论通过。

---

① 该标准为江西省所用指标，其他省市可根据实际情况分别制订。

(6) 完善规划。绘制村庄建设规划图，写出说明书，整理规划要点和有关资料。

(7) 张榜公布。将县级政府批复的规划与执行规划的规定用永久性的构筑物公布于众，并制定执行规划的具体办法和细则。

4.6 新农村治理规划建设项目内容

根据相关经验，新农村治理规划建设项目内容可归纳为二十项。资金来源：生活性设施主要由农户自筹资金解决，其余采取多渠道筹资的方法解决。二十项内容分为：

(1) 公益性设施

1) "三水一路"。即：排水设施、水塘、水井或供水设施、村内道路。

2) "三室一场"。即：托儿所、医务室、文体活动室（文化宣传栏），公共场所硬地铺装（布置篮球场和简易体育活动健身器材）。

(2) 准公益性设施

1) "三电一广"。即：电力、电话、电信，有线广播电视。

2) "三保二化"。即：保护生态建沼气池，保护环境建公厕，保护清洁建公共畜舍；村庄进行绿化，村庄垃圾归集化（堆肥池）。

(3) 其他相关设施

危旧房拆除，保留建筑整修，新建住房。

4.7 旧村整治改造规划要注意的事项

目前进行的村庄规划建设，多属于旧村整治并适当发展的范畴，完全新建是少数，因此，旧村整治改造规划要强调以下几点：

(1) 要因地制宜，量力而行，尽量避免大拆大建。

(2) 认真鉴定好旧建筑物的建筑质量等级，为规划决策提供可靠依据。建筑质量等级的划分是：

一级建筑：内外结构完好，建成时间较短，为2层以上建筑，无碍村庄公用设施等建设的建筑。

二级建筑：结构完好或稍有损坏，多为20世纪70～80年代所建，无碍村庄近期建设的建筑。

三级建筑：20世纪60年代前后所建，结构有损坏或损坏较严重，多为"空心村"，有碍村庄重要公共设施或基础设施建设的建筑。

一般情况下尽可能保留一级建筑，整治改造二级建筑，拆除或改造三级建筑。

(3) 坚持原地改造与搬迁改造相结合的原则，合理利用，逐步改造，不断完善。对规划无影响的一、二级建筑可保留或原地改造，对有碍规划的三级建筑均须拆除或改造。

(4) 改造村庄道路。村庄道路对于体现村庄的功能，布置各类建筑，配套各类公用设施，反映村庄面貌具有重要作用，故村庄道路改造要从全局考虑，其宽度、标高、走向及路面质量要依据经济发展来确定，通过道路改造来解决村庄内行路难、排水难、房屋布局混乱等问题。

(5) 突出特色进行旧村整治改造。村庄特色主要体现在房屋的造型设计与建筑风格，改造与保护相结合，功能布局与地形利用得到充分发挥，村庄环境的绿化与美化上。

4.8 新农村治理规划图的绘制

(1) 村庄规划图应绘制在近期现状

图上,以明确反映规划与现状的关系。

（2）图形比例:一般为1:500或1:1000。

（3）以道路为主线,勾画出村庄规划各功能区,并将各规划区内具体各类建筑、用地安排用线条展示出来。

（4）用简单、明显的图例表示各类建筑物、构筑物及绿化带。

（5）用层次分明的颜色表示各类建筑及用地,一般用色表示法为:米黄色:住宅用地和建筑;红色:公共建筑;蓝色:水面及水利工程建筑;灰色:交通设施及道路;绿色:公用绿地、林地、农田;黑色:污水、排水管线;红色:电力线;蓝色:供水管线。

（6）图面修饰以充实、完整、节约工料为原则。通常做法是:图名布置于图纸上面或左侧;图例放在图纸左下角;图签位于右下角;比例尺布置在方向示意图下方;图框采用内细外粗线绘制;注字应当使用仿宋体。

4.9 竖向规划的设计

竖向规划的内容是确定建筑物、构筑物、场地、道路、排水沟等的规划标高;确定地面排水方式和相应的排水构筑物;进行土方平衡,确定填土、取土的位置及土方去向。

(1) 竖向规划要点

1) 村庄内道路纵坡为0.3%~4%;道路横坡为1.2%~2%。

2) 道路交叉口高程确定原则:主要道路要低于次要道路,次要道路要低于房屋地面,整个路面不积水,土方工程量为最小。

3) 地面坡度一般要求不小于0.3%,不大于4%,当地形自然坡度大于8%时,村庄地面连接形式宜选用台阶式,台阶之间用挡土墙或护坡连接。

4) 明沟排水坡度一般为1%,以保证自流排水。明沟断面通常做成梯形,沟底宽应不小于0.3米,以利清理沟底沉积物。

5) 各种场地的适宜坡度:广场0.3%~3.3%,停车场0.2%~0.5%,运动场0.2%~0.5%,绿地0.5%~1.0%。

(2) 竖向规划表示方法

1) 设计等高线法(也叫平面图表示法)。用设计等高线来表示被改造自然地面的情况。一般采用比例为1:200、1:500或1:1000,设计等高线的等距离与自然地形图的等高距离相吻合。此法一般用于局部地段的竖向规划。

2) 设计标高法(也叫侧面图表示法)。用标高、坡高、坡向、驳槛等相应符号来表示各方面的相互高程关系。一般选用的比例为1:500、1:1000或1:2000,此法使用较为普遍。

4.10 新农村建设治理规划成果

村庄建设规划成果包括:现状及村庄位置图、规划总平面图、公共设施规划图、农房设计参考图、主要指标表、工程测算表、行动计划表和说明书。

（1）现状图。现状图应标明自然地形地貌、河湖水面、废弃坑塘、道路、工程管线、公共厕所、垃圾站点、集中禽畜饲养场等,各类建筑的范围、性质、层数、质量等。

（2）规划图。全村域的总体平面图中应包含周围山林、水体、田野等的布局。规划图纸要做到修建性详细规划深度。明确标明硬化道路、宅前小路、排水沟渠、公用水塘、集中供水设施(水厂、水塔、汲井)、集中沼气池、集中活动场所、集中场院、集中绿地、集中畜禽舍圈、保留民房、保留祠堂、拆迁民房、违规民房、公共厕所、垃圾收集站

(转运)点等。新增加的建设用地必须明确标明四至范围，并指出其属性，包括村外散户迁建、村内拆迁新建、新增本村村民宅基地等。数量较多的外村整村迁建应明确拟迁建的人口、户数及建筑面积。

（3）设施图。设施图应标明道路红线位置、横断面、交叉点坐标及标高，道路应构架清楚，分级明确简洁；给水管线走向、管径、主要控制标高；排水沟渠的走向、宽度、主要控制标高及沟渠形式；燃气管线的走向、管径；配电线路、电信线路走向和有线电视线路；以及其他有关设施和构筑物的位置等。

（4）农房设计参考图。提供卧室、厨房、厅堂、餐厅等功能齐全、布局合理的住宅设计平、立、剖面图。二、三层的住宅尽可能采取并联式或联排式，以节约用地。新建民宅与原有民宅、历史性建（构）筑物组成有机整体。住宅间距应满足当地的日照要求，其南北向间距应不少于10米，山墙间距不少于4米。

（5）主要指标表。包括整治前后村庄人口、村庄户数、公共设施和基础设施建筑面积，新建农房面积，农房拆除率、农房保留率、拆除农房面积、改造农房面积、道路建设或硬化面积、改建沟渠长度、保留并改造利用空地（含闲置地和绿化用地）面积、集中的畜禽圈舍建设面积等。

（6）工程量测算表。详细列出整治主要项目的估算工程量。

（7）行动计划表。包括整治项目清单、项目具体内容、项目整治措施、项目用工量、项目所需资金或实物量、村民申报类型、村民选择程度、实施步骤、维护管理措施等。

（8）说明书。包括现状条件分析、经济状况及发展前景分析、土地利用情况、设施情况、各整治项目的调研分析和论证评估等；规划人均建设用地标准；公共设施、基础设施、农房建设和村庄绿化基本原则、要求及具体措施，各整治项目工程量、实施步骤及投资估算，基础设施的施工方式及工法，整治的实施措施、管理维护方式、方法以及有关政策建议等。

5 新农村基础设施建设

5.1 新农村基础设施的内容

基础设施主要内容包括村庄内给水、排水、水塘、道路、电力电信、广播电视、环卫设施、绿化美化、文体活动室和室外场地等。

基础设施的好坏,体现了一个村庄整体生活水平的高低,是衡量经济社会发展的一条重要标志。因此,村庄必须按规划有计划、有步骤地抓好基础设施建设。

5.2 新农村小型自来水厂的建设

(1) 水厂设计:水厂设计考虑的主要因素

1) 水量:a.生活饮用水应不少于100升/(人·日)的标准;b.生产用水按产品生产实际用水量计算;c.消防等不可预见水量用水,按日最高用水量的20%~30%考虑。

2) 水质:为保证达到水质要求而设置沉淀、过滤、消毒等工程设施。

3) 水压:供水应满足楼房及生产过程中用水的水压要求。水塔一般设置在地形高处,水塔高度、水泵选择及用变频供水要满足水压要求。

4) 水厂:布置要点:a.平面布置。分为生产构筑物和建筑物(含水井或取水点建设、泵站泵房、沉淀池、过滤池、消毒池、储水池或水塔等)的布置。b.纵向布置。它是各构筑物设置标高、管道、竖井的标高等的布置。

(2) 水厂施工步骤

第一步:取水点施工。钻井或挖井取地下水都必须保证有足够的水量满足卫生要求。取用地表水应注意水源的防护。

第二步:取水附属用房施工。根据水厂供水量大小及经济条件而定。

第三步:建造水塔或储水池。水塔高度以建筑物一层为10米,二层为12米,三层以上每加一层增加4米来确定。水塔的容量可从总水量周转3~4次考虑。目前有的地方采用变频供水,即自动调节水压,可不建水塔。

第四步:铺设供水管道。注意主管与支管交接处装阀门,并设置检查井。在设计时,铺设水管与泵房建造同时进行。

第五步:通水试压。检查供水管道是否安全可靠。

(3) 水厂的经营管理

主要有两方面:一是技术管理。主要工作是随时观察水源,检查仪表、水表,定期清洗管网,保障安全供水。二是经营管理。主要是搞好成本核算。成本费用的计算项目有:折旧与大修费用、消耗的电力或燃料费用、净水用的药剂费用、人员工资和经营管理费用等。

5.3 新农村水塘建设及饮用水的净化处理

(1) 水塘建设。中、东部及南部丰水区可考虑建设村庄公用水塘。建好水塘很有必要，它能对地下水起调节作用，提供农民的农具清洗和牲畜饮水，还能起到消防的作用，一般来讲 200 人以上的村庄要有 3~5 亩的水塘。

(2) 饮水净化的处理。

当前，农村大部分地区没有自来水，可采取简易水质处理办法供水。其过程是：沉淀→过滤→消毒。

1) 沉淀——经加矾混合后原水中杂质沉淀下来，使水变清的过程。方法有修建平流沉淀池使水中杂质沉于池内，有条件的可采用竖流式或斜板式沉淀。

2) 过滤——使沉淀后的水装入有滤料的过滤池中，通过滤料对杂质间的吸附、筛滤等作用，截留水中杂质，使水澄清。方法是：建造过滤池，池中铺木炭、卵石、粗砂等过滤材料。

3) 消毒——常用消毒法为化学方法。一般采用加氯（液氯、漂白粉、漂白精等），将粉状或块状物加入水中，消毒半小时后即可。

5.4 新农村排水设施的建设

常用的排水方式有两种，一种是合流制。即由一条管网（水沟）共同排除雨水和污水。第二种是分流制，即雨水和污水分别由不同管网（水沟）排出。具体采取什么排水形式，视当地地形条件、原有排水设施等情况，通过技术与经济比较，综合考虑确定。

排水沟建设需按以下要求确定：

(1) 排水沟断面尺寸的确定。主要是依据排水量的大小以及维修方便，堵塞物易清理的原则而定。通常情况下，户用排水明沟深宽20厘米×30厘米，暗沟为30厘米×30厘米；分支明沟深宽为40厘米×50厘米，暗沟为50厘米×50厘米，主沟明暗沟均需50厘米以上。为保证检查维修清理堵塞物，每隔30米和主支汇合处设置一口径大于50厘米×50厘米，深于沟底30厘米以上的沉淀井或检查井。

(2) 排水沟坡度的确定。以确保水能及时排尽为原则，平原地带排水沟坡度一般不小于1%。

(3) 排水沟用材料。无条件的村庄要按规划挖出水沟；有条件的要逐步建永久性水沟，材料可以用砖砌筑、水泥砂浆粉刷，也可以用毛石砌筑、水泥砂浆粉刷。沟底垫不少于5厘米厚的混凝土；条件优越的地方可用预制混凝土管或现浇混凝土。

5.5 新农村道路与交通建设

(1) 硬化路面的种类。主要有砖、石、预制块等铺垫路面、三合土路面、沥青（柏油）路面和水泥路面。

(2) 硬化路面宽度确定。a. 村庄主干道：路面宽度 5~8 米；b. 宅间道路：路面宽度 1.5~3 米。

(3) 硬化路面建设程序，一般分8步进行：

第一步：线路测量和设计，主要内容是：按规划确定道路具体走向位置、道路标高(与房屋地基略平)、纵坡度(不得大于8%)、转弯曲线半径(不得小于10米)、视距(不得小于15米)、回车场地及工程量等。设计结果，必须有平面布置图、纵断面图及各要点横断面图。

第二步：铺筑路基。按设计图放线后整理路基，碾压夯实。

第三步：定位放线，安装路缘。路

缘可采用砌砖，埋放条石，预制板块等，安装时注意标高和保证路型路缘整齐美观。

第四步：建造水沟、桥涵，敷设各类管线(可与路基同时进行)。

第五步：路面施工。按各类不同性质的路面实施，但要保证路拱(横坡度1.5%~3.5%)，路面平整以及混凝土路面热胀冷缩要求(设置伸缩缝一般每隔3~4米一条)和路面不出现夹层。

第六步：路肩铺设。即对路面两边采用铺石或素土夯实，每边不少于40厘米，用以保护路面两侧。

第七步：结合村庄整治改造建设排水沟。

第八步：种植行道树。单行株距阔叶林3~5米，其他1.5~2米，双行株距2~3米或根据具体树种确定。

(4) 各类硬化路面的基本常识

1) 铺装路面：即采用砖块、平整石块或预制板块铺装而成的路面。

铺装路面的优点是：造价低，节省时间，工艺简单，易于维护改造。它适用于人行道、轻车道或临时道路的路面。

铺装路面在施工中要注意：一是铺装板块底部要密实，防止重压时塌陷；二是铺板面要平，保持路面美观；三是进行灌浆或勾缝，增加路面抗力，延长使用寿命。

2) 三合土路面：即采用砂、黏土和石灰渣(煤渣等)按一定比例，经充分拌合碾压夯实而成的路面。

三合土路面的优点是：能充分利用本地资源就地取材，减少投资，施工技术简便易行。它是经济发展一般的村庄采用较多的一种。

三合土路面施工要领：一般要掌握好材料的施工配比。砂、黏土与石灰渣(煤渣)的比为3∶6∶1。有条件的还可按每立方米三合土掺30~50公斤水泥。二是要进行充分拌合，先干拌后洒水拌，拌合的干湿度一般以手抓一把捏得拢散得开为准。三是碾压夯实。三合土路面成型厚度不得少于8厘米，一般采用分层碾压夯实法，压实至表面泛浆(出水)为止。

3) 沥青(柏油)路面：是指沥青胶结力强这一特性，通过加温与砂、石粘结冷却而成的路面。

沥青路面的施工方法是先将碎石掺砂铺在已处理好的路基上碾压夯实，然后喷洒加温熔化的沥青，再撒砂石进行碾压即成。

4) 混凝土路面：即水泥路面，由水泥、砂、碎石、水等材料，按照适当比例配合、搅拌、振捣、抹光，经过凝结、硬化而成的路面，此种路面为永久性路面。

混凝土路面施工要把好五关：一是材料配比关，混凝土路面强度等级不宜低于C20，以混凝土强度等级C20，水泥强度等级32.5，水灰比0.6为例，每立方米混凝土用料数量为：水泥311公斤，碎石1270公斤，砂639公斤，水180公斤。二是搅拌关。有条件的尽量使用机械搅拌，无条件的用人工搅拌，注意拌合充分，不要加水过多，控制在手抓能捏成团即可。三是振捣关。一般在2小时内用平板振动器振捣，一次性振捣到混凝土不再下沉，出现浮浆为止。四是抹平关。按标高坡度控制要求，可在初凝期内掺砂浆进行找平抹光。五是养护关。浇筑完毕的混凝土必须保持适当的温度和湿度，使水泥充分水化，以保证混凝土强度随时间增长而不断增加，通常方法是浇水养护，使混凝土保持湿润，交付使用一般不少于15天。

5.6 新农村电力电信工程建设

(1) 电力工程建设

1) 供电工程建设包括确定用电指

标，预测用电负荷，确定供电电源点的位置、主变容量、电压等级及供电范围；确定村庄的配电电压等级、层次及配网接线方式，预留配电站的位置，确定规模容量。

2）供电电源的确定和变电站站址的选择应以乡镇供电规划为依据，并符合建站条件，线路进出方便和接近负荷中心。

3）确定中低压主干电力线路敷设方式、线路走向及位置。

4）配电设施应保障村庄道路照明、公共设施照明和夜间应急照明的需求。

(2) 电信工程建设

1）电信工程包括确定固定电话主线需求量及移动电话用户数量，建好邮政服务网点和建设移动电话基站。

2）电信设施的建设应结合公共服务设施统一配套，相对集中建设。

3）确定镇—村主干通信线路的敷设方式、具体走向、位置；确定村庄内通信管道的走向、管位、管孔数、管材等。电信线路布置应避免有严重污染地区，设于便于架设、视察和检修的地段。

(3) 广电工程建设

有线电视、广播网应根据村庄建设的要求尽量全面覆盖。有线广播电视管线原则上与村庄通信管统一规划、配套建设。村庄道路规划建设时应考虑广电线路位置。

5.7 新农村消防基础设施建设

(1) 加强村镇消防的规划和基础设施建设工作。农村要将村民住宅及乡镇企业的消防安全布局、消防通道、消防水源建设纳入乡镇总体规划和村庄建设规划中，并与村容村貌的治理改造同步实施。

(2) 结合农村节水灌溉和人畜饮水工程、农村道路、草场围栏、沼气工程和能源建设以及水电建设和农村电网改造，同步建设消防水源、消防通道和消防通信等农村消防基础设施；凡设有自来水管网的乡村要设置消火栓，配备消防器材。

(3) 发挥农业灌溉机械在灭火方面的作用，实现一机多能，缺水地区要修建消防水池，确保消防用水。各农村要结合水塘改造设置1~2个取水码头，同时采用拖拉机安装水罐等形式，配备必要的灭火器材，以适应扑救农村火灾的需要。

(4) 各村庄要建立群众义务消防队或由志愿人员轮流执勤的志愿消防队，同时依据农村火灾特点，建立各类地方专职、农村企业自办及村办等多种形式的消防队伍；配置手抬机动泵、水带和水枪等灭火设施，及时扑救初起火灾。

(5) 建立健全农村消防安全管理机制，落实农村消防工作职责和任务。要将消防安全管理要求纳入村民自治章程和村规民约，落实消防安全措施，开展消防宣传教育，组织消防安全检查、巡查，消除火灾隐患，提高自防自救能力。

5.8 新农村建设绿化要求

村庄绿化不但可以净化空气，调整温湿度，美化人居环境，改善村庄面貌，而且还有一定的经济价值。因此，要着力搞好村庄绿化。

(1) 绿化原则：充分利用现有自然条件，尽量在劣地、坡地、洼地进行绿化，以栽树为主。植物配置宜选用具有地方特色、易生长、抗病害、生态效果好、有经济收入的品种。

(2) 面积要求：村庄规划区范围内要保证绿化覆盖率达30%以上。

（3）质量要求：a. 年轮久的古树要保护；b. 新栽树要保证栽一棵活一棵；c. 尽量栽有经济价值的树；d. 宜栽树的地方栽树，不宜栽树的地方种草种花，树、草、花要搭配，以提高绿化美化质量。

（4）庭院要求：农户房前屋后、庭院内都要栽树、种草、种花，最好栽有经济效益的树，如果树等，以改善庭院环境，增加收益。

（5）管理要求：所栽的公用绿地的树要落实责任制，分区包干，确保成活率；成活的树禁止乱砍滥伐及遭到破坏；绿地建设重点在村口与公共中心及沿主干道路布置，并进行保护。

5.9　新农村建设污染防治措施

（1）充分认识污染的危害。目前村庄环境污染主要有三类。

一类是大气污染。对人体健康危害的是粉尘、二氧化硫、一氧化碳、硫化氢、二氧化氮等。这些污染主要来源于燃料燃烧产生的废弃物。如生活烧煤，做砖烧窑，烧石灰等。大气污染常会引起各种呼吸道疾病和肺癌，造成农作物减产，林木枯死，水果变质，牲畜死亡等。

二类是水污染。主要有三种：a. 有害的水。如来自生活污水，制革、造纸、化工、酿酒生产废水的碳化合物、油脂、氮、磷、硝酸盐等，它可以使水体缺氧，水质变坏，影响鱼类和其他水生物的生存。b. 有毒的水。如来自造纸、农药、化工、印刷、金属处理厂生产废水的汞、铅等重金属和有机氧、有机磷等。它可以毒死鱼虾，人食用后将致病或致死。c. 有病毒病菌的水。如生活污水、医院等排放的污水，会直接侵入人体造成疾病。

三类是噪声污染。噪声轻则影响人的休息和工作，重则损害人的健康，甚至会导致听力衰退、神经衰弱、高血压、胃溃疡等多种疾病。

（2）认真制定治理污染规划。在布局上不要将有污染的工副业和养殖业布置在村庄水源地附近或村民稠密区，而应安排在村庄主风向的下风以及河流的下游处。在治理措施上要坚持新上项目设计、施工、环保三同时原则；坚持分步治理老污染，控制新污染。

（3）认真做好村庄水源地的保护，搞好绿化，改善环境。

（4）积极搞好村庄环境卫生，人畜分离，家禽家畜圈养，做好村庄内改水改厕工作，清理垃圾，清扫场地，保持良好的环境卫生。

5.10　新农村建设灾害防治措施

新农村建设防灾包括：防洪、防风、防火、防震、防泥石流等。

村庄防洪。防洪应与当地河流规划、农田水利建设、水土保持和绿化造林相结合，统一安排河道整治、堤坝、圩垸、分洪、泄洪和蓄洪区等防洪工程，统一规划分步实施，把遭受灾害的损失减少到最低限度。

村庄防风。村庄在选址上应避开风口、风沙面袭击危害地段；在措施上要栽植防风林带；在规划建房上迎风处宜安排体量大的建筑物，长边宜与风向平行布置。

村庄防火。在建设规划上要留出防火通道，宽度不小于3.5米，确定防火间距，远离易燃易爆设施场所；在建筑材料上尽可能选用耐火等级较高的材料，注意消防设施的配置安装，加强对房屋电线的维护和防火知识的宣传教育。

村庄防震。在地震设防区，村庄新建房屋时按照防震要求进行设计，地基要进行抗震处理；在村庄规划时要留有足够的开阔场地，供震情发生时人员避难用；建筑结构要保持良好的整体性，尽可能不用预制构件，确需用时应连接牢靠。

防泥石流。在选址时应避开可能产生滑坡、泥石流等地段；在建设时尽量避免改变其地形地貌和自然排水系统，并妥善处理好建筑物、工程设施等排水，积极做好隐患地段滑坡的防治。

5.11 新农村建设太阳能和沼气的有效利用

(1) 太阳能的利用

太阳的能量是巨大的，它能取之不尽，用之不竭。太阳能又是清洁的，不需担心它对环境产生污染和对人类造成危害。当然，要收集使用它，需要大面积的设备和一定的投资。另外，由于气象变化，太阳能会变成间断和不稳定，要想用它作为固定能源，有它的局限性。但可以作为一种辅助能源在农村中推广。下面介绍几种在农村中利用太阳能的实例：

1) 太阳能热水器。它是一种利用太阳辐射能通过能量交换把水加热的装置。太阳光透过玻璃进入箱体内，被黑色表面吸收，而向外反射和对流的能量受到玻璃和箱的阻挡，被保留在箱内，这样箱体内的能量不断聚积，温度不断升高，甚至可达 $100\sim200$ ℃。一般家庭用的热水器水温可达 $40\sim60$ ℃。

太阳能热水器一般由集热器、贮热装置、循环管路和辅助装置组成。

集热器是热水器的心脏，是一种热交换器。

贮热装置(水箱)是太阳能热水器，贮存热水前减少向周围环境散热的装置。

循环管路的作用是连接集热器和贮热装置，使之形成循环加热系统。

辅助装置诸如支架、水位显示器、温度控制器、循环水泵各种管件接头、夹具、阀门等零部件。

太阳能热水器按其加热工质(水)的方式，可以分为闷晒型、循环型、直流型三种。

2) 太阳能温室(大棚)。它是利用透光材料(玻璃、塑料薄膜)的透光隔热性，人为地将种植或养殖场地与周围大气环境隔绝封闭起来，在不适于生物(植物或动物)生长繁育的季节里，造成一种适宜于生物生长发育小环境的设施。

太阳能温室用途十分广泛。可以用于种植水果、花卉、蔬菜；也可以用于养鸡、养猪等。用于种植蔬菜、瓜果可以提前或延后上市，调剂品种，克服蔬菜露天生产淡旺季界限，大幅度提高单产。实践证明，太阳温室在我国的大力推广和应用，为我国农业发展，农民致富创出了一条新路。

太阳能温室通常要求保温、保湿、采光和通风，类型分类很多。按外形分，可分为单面窗式、双面窗式、马鞍形、圆形等各种形式；按结构用料可分为竹木结构、竹木水泥结构、钢筋水泥结构、钢管结构等。

据测算，按2004年价格，每100平方米竹木水泥结构大棚建造费用为700元，使用期 $2\sim4$ 年；钢筋水泥结构大棚为1700元，使用期在 $7\sim10$ 年。年收入在 $20\sim25$ 元/平方米。

此外，太阳灶、太阳能干燥器、太阳房已逐步在农村中推广应用。

(2) *沼气的能源利用*

1) *沼气池的建设*

① *科学建池*

沼气建设是农村的一项造福工程，又是清洁能源，但发展沼气必须讲究科学，讲究质量，保护生态环境，节约能源，方便农民生活，应大力推广。

首先,必须规划好沼气池的建设地址。必须选择靠近厨房,方便进料和出料,坚持与畜圈、厕所结合修建,应选择地基好的地址,尽量避开地下水和软弱地基。

第二,要选择合格的建池材料。水泥必须使用强度合格的水泥。砂应选择干净的河砂,以中粗砂最好。石子的粒径一般为2厘米的小石子。砂石中不允许有泥土等杂质。

第三,要请合格的沼气技工建池,必须持有国家职业资格证书的技工才有资格建池。

第四,必须购买合格的沼气设备,包括输气管、压力表、开关、灯具、接头等。各地农村能源管理部门都有专门的供应点,不要随意代用,否则影响使用效果。

第五,一定要安装出料器。一个沼气池有一百多担肥料,若不安出料器,出料时人必须下池,这样不仅劳累、又脏,而且容易产生窒息,出现危险。安装出料器后,出料又方便又省力,就像用压水井压水一样,需要用肥时,随用随取,十分省事。

第六,把好沼气池的质量检验关。沼气池建好后一定要搞好试压检验,就是按国家标准,坚持沼气技工、质量检验员和用户三方共同验收,试压检验与点火用气效果同样合格才行。试压检验不合格的沼气池不得投料,必须返工。重新试压检验,直至合格方能投料使用。

建沼气池的全过程,用户都应密切配合,一方面可以了解沼气池的结构,另一方面也有一定的监督作用。

② 科学管理与维护

a. 安全发酵

(a) 刚消毒过的禽畜粪便、中毒死亡的禽畜尸体及其他有毒物质都不能进入沼气池;有些酸性或碱性太重的物质如酒精、青料等作发酵原料时,特别要注意适量,防止影响沼气池正常产气。如发生这种情况,应将池内发酵料液全部清除,并用清水将沼气池冲洗干净,然后再重新加料。

(b) 禁止把油麸、骨粉、棉籽饼和磷矿粉加入沼气池,以防产生对人体有严重危害的剧毒气体——磷化三氢。

b. 安全管理

(a) 沼气池进出料后,应及时把盖板盖好,防止人畜掉进池内造成伤亡。

(b) 不准在沼气池导气管口处点火试气,不准用明火检查各处接头、开关漏气情况。输气管道漏气检查应用洗衣粉或肥皂化水涂刷,发现气泡要及时处理。

(c) 室内发现漏气或有沼气气味(臭皮蛋味)时,不准使用明火,应迅速打开门窗,采取扇风、鼓风等方法,使空气流动,直到异味消失。

(d) 当不幸发生沼气火灾或室内火灾时,应立即赶到沼气池边堵住导气管,截断沼气来源,以避免火灾蔓延、杜绝沼气池爆炸等更大的事故发生。

(e) 沼气灯、灶应安置在安全、方便、远离易燃物存放的地方。平时要教育小孩不要拨弄沼气设备,更不能在沼气池和管道边玩火。

(f) 沼气池进料如数量较大,应打开开关,慢慢地加入,以免压力过大,胀坏沼气池。如一次出料较多,压力表压力下降到接近"0"时,应打开开关,以免产生负压,损坏沼气池。

(g) 凡已确定报废的沼气池,要及时进行填埋处理。

c. 安全出料、检修

已投料的沼气池,不管是否产气运行,均不准轻易下池进行出料或检修。如要下池,必须遵守下列规定:

(a) 打开活动盖,排尽池内可燃气体。

(b) 在池外用出料工具将料液尽量清

除。池内残渣必须低于进出料口下口。

(c) 采用人工或机械方法向池内鼓风,更新池内空气。

(d) 把小动物(鸡、鸭、猫等)放入池内,观察10～20分钟,如动物活动正常,人员方可下池。

(e) 下池人员必须系上结实的安全绳,池外要有专人看护。下池人员稍感不适,看护人员应立即将其拉出池外休息。

(f) 揭开活动盖后,不得在池口点明火或吸烟;下池人员在池内不得用明火照明或吸烟。

(g) 禁止向池内丢明火烧余气,防止失火、烧伤或引起沼气池爆炸。

d. 常见故障原因及处理办法

常见故障原因及处理方法见表5-1。

2) 沼气建设投资与效益分析(8立方米沼气池)

沼气建设投资预算见表5-2。

沼气利用年预期效益见表5-3。

故障原因及处理方法　　　　　　　　　　　　　　　表 5-1

常见故障	产生原因	排除方法
使用沼气时,压力上下波动,炉火时大时小,沼气灯或明或暗	输气管道内有积水	(1)拔掉导气管上的输气管,从另一头用打气筒打出积水;(2)放掉排水装置中的积水
压力表上升快,气也多,但较长时间点不燃	料液中沼气菌种少,杂气多	放掉杂气,添加堆沤后的人畜粪便或老沼气池中的沼液沼渣
打开开关,压力表急降;关上开关,压力表急升	(1)导气管堵塞;(2)管道被压扁或在拐弯处扭折	(1)疏通导气管;(2)将压扁或扭折的地方整理好
平时产气正常,突然没有沼气	(1)输气管道被老鼠咬破或脱裂;(2)开关、接头、压力表等漏气	(1)接通或更换管道;(2)检修开关、接头、压力表
产气正常,但灶具火力不足	(1)灶具喷嘴局部堵塞;(2)灶具头部火孔局部堵塞;(3)灶具混合空气不足	(1)用细钢丝疏通喷嘴或喷火孔;(2)将调风板开度开大
火焰过猛,燃烧声音大,火焰短且易吹脱	调风板开度太大,一次空气太多	将调风板关小
沼气灶电子点火不灵,着火率低	(1)沼气压力太高,甲烷含量太低;(2)电池电压不足或接触不良;(3)引火喷嘴堵塞,挡焰板倾角不对	(1)关小总开关;(2)更换电池;(3)疏通引火喷嘴,调正挡焰板倾角
沼气饭锅点不着火	(1)气源开关未打开;(2)阀体或点火喷嘴堵塞;(3)电池电压不足	(1)打开气源开关;(2)消除阀体或点火喷嘴异物;(3)更换电池
沼气饭锅煮焦饭或生饭	(1)锅体未放正;(2)内锅底部变形;(3)感温器表面不干净或失灵;(4)水量少	(1)放正锅体;(2)更换新的内锅;(3)清洁或更换感温器;(4)放入适量的水

沼气建设投资预算　　　　　　　　　　　　　　　表 5-2

材料名称	数量	价格	金额
红砖	800块	0.18元/块	144元
水泥	1吨	260元/吨	260元
小石子	2立方米	45元/立方米	90元
中砂	2立方米	38元/立方米	76元
水泥涵管	3节	8元/节	24元
钢筋	30公斤	4元/公斤	120元
硬塑管、抽渣器	1套	50元/套	50元
技工工资		350元	
小工工资		250元	
挖土方		100元	
沼气配件	1套	300元/套	300元
其他		30元	
合计		1784元	

沼气利用年预期效益　　　　　　　　表5-3

利用项目	数　　量	价　　格	金　　额
能源利用代替煤炭	可节约煤炭1.5吨	150元/吨	225元
能源利用代替柴草	可节约柴草2.5吨	100元/吨	250元
综合利用增收节支		800元	
卫生效益	人畜粪便全部进入沼气池发酵，一方面做到了人畜粪便的无害化处理，另一方面可消除人畜粪便对环境的污染，猪舍、厕所干净卫生。农村的精神文明建设上了一个台阶		
生态效益	使用沼气后，节约了柴草，保护了林木资源，改善了生态环境，控制了水土流失，同时人畜粪便经沼气池发酵后成为优质有机肥料，有利于建设生态家园和生态农业		
经济效益合计	1000元以上		

5.12 新农村建设中的节能、节地、节水、节材

（1）房屋节能

1）房屋朝向尽量选择南北向，使室内冬暖夏凉，节能省电。

2）房屋外墙尽量采用眠砖墙，可用水泥砂浆粉刷或其他外墙装饰，这样的结构既安全又保温隔热。

3）农房建设在保持传统民居风格的同时，房屋屋面尽量采用现浇钢筋混凝土屋面，并采用隔热保温措施。

（2）节约用地

1）撤村并点。对规模较小，自然灾害频繁的村庄采取撤并措施，退村还耕。

2）移房上山建新村。某村，全村94户，共385人，有党员12人。全村共有耕地462亩，其中水田308亩，旱地154亩。从1998年开始移房上山建新村，节约耕地上百亩，该村成为远近闻名的"农民富，村庄美，风尚好"的示范村。

3）坚持一户一宅制，严格按规划标准批建土地。

（3）节约用水

1）中东部、南部丰水区可结合现有水体建设水塘。村庄每200人建一口3～5亩水塘，提供农民的农具清洗和牲畜饮水，还能起到消防备用水的作用。

2）饮用水尽量推广使用自来水，按表计费，这样既卫生又节约。

3）推广应用卫生旱厕。

（4）节约用材

1）建房大力推广应用高强钢和高性能混凝土。

2）推广使用新型墙体材料，如煤渣砖、粉煤灰空心砖、稻草砖等。

5.13 新农村公共基础设施建设资金的筹集渠道

村庄公共基础设施建设资金的筹集应本着"多渠道，专款专用"的原则，搞好建设和管理，主要通过以下途径解决。根据江西省地方经验，村庄公共基础设施建设资金投入人均达到2000～3000元，基本可解决问题。

（1）村级经济组织拿一点。对有一定经济实力的村级集体经济组织，拿出一部分资金，主要用于村庄整治或设施建设。

（2）宅基地竞价择位凑一点。即对村庄好的地段采取竞价择位的办法筹集一部分资金，由村民议事会（或理事会）统一管理，专款专用，所筹资金用于村庄基础设施建设。

（3）在外人员捐一点。主要是借助在外工作、外出务工、经商人员的力量，鼓励他们为家乡建设捐钱捐物。

（4）群众自己筹一点。

（5）上级政府扶助一点。即帮助创建文明村庄的单位可采取从本单位挤一点，争取政策拨一点，发挥优势引一点等办法，各级政府列支专款支持一点，筹集主要的建设资金。

6 新型农村建筑

6.1 什么是新型农村建筑

新型农村建筑是为适应我国农村经济发展和生活水平的提高,为改进旧农房建造量大,占用土地多,抗御自然灾害能力差,结构功能不合理,使用功能单一,采光通风差,消耗人、财、物多等缺点而设计的一种结构紧凑、功能合理、适用美观、安全卫生的农村建筑。主要有以下几个特点:(1)功能完善,安全卫生;(2)布局合理,经济适用;(3)面积紧凑,节约用地;(4)舒适美观,环境协调。

6.2 新型农村建筑的类型

(1) 按建筑用途分
1) 生产建筑。主要是指家庭和集体的农作物生产所需的用房。
2) 居住建筑。主要指卧室、客厅、厨房等饮食起居的用房。
3) 公共建筑。主要指供群众进行各种政治、文化、福利等社会活动的用房。
(2) 按建筑结构分
1) 砖木结构。主要承重结构用砖、木承担,如砖墙、木屋架等。
2) 砖混结构。主要承重结构用砖、钢筋混凝土做成,如砖墙、钢筋混凝土楼板等。
3) 框架结构。主要承重结构由钢筋混凝土柱、梁现浇做成,其他由砖、预制构件等做成。

(3) 按房屋造型分
1) 经济适用型;2) 农家山庄型;
3) 农村别墅型;4) 经济庭院型;
5) 四合庭院型;6) 乡土风俗型;
7) 公寓型。

6.3 新型农村建筑的设计依据和原则

(1) 设计依据
1) 基址自然条件。指基址的位置、地形、坡向、高程、地质、水文、抗震烈度、冻土深度、日照、盛行风向、气候条件及基址面积、长宽尺寸等。
2) 建筑环境。指基址周围地物地貌、山水林木、道路及公共设施分布、走向等利用的可能和施工条件、建筑材料来源等。
3) 设计要求。指建设者的使用要求、建设规模、投资数量和国家规定的有关设计标准。
(2) 设计原则
总体设计原则是"安全、适用、经济、美观"。
1) 充分考虑村庄建设规划对建筑的要求。在空间组织上要与周围环境相适应;在建设范围内应明确功能,区分协调;突出强调节约用地和充分利用原有公共设施。
2) 必须满足使用功能的要求,为生产、生活创造良好的条件。
3) 结构合理。结构是建筑物的承重部分,如屋顶要承受风力、雪重及自重;楼板要承受人、物重量和自重;墙身要承受风力和屋顶、楼板传来的重量等,因此要在确保坚固耐久的前提下,合理确定其结构。

4)造价经济。在布局上要紧凑合理,充分利用空间,节约面积和用地;在选材上要就地取材,因地制宜,善于运用先进技术,节省人力、财力和物力。

5)要与当地的自然环境相吻合,注意当地的风俗习惯。

6)注意造型上的美观。要通过体形、材料、质感、色彩、装饰等,产生良好的艺术效果。

6.4 新型农宅的形式和各功能组成部分的要求

6.4.1 新型农宅的形式

(1) 按层数分

1) 低层农宅。三层以下(含三层)的农宅;

2) 多层农宅。三层以上,六层以下的农宅。

(2) 按庭院形式分

1) 前院式;2) 后院式;3) 前后院式;4) 倒院式;5) 天井式。

(3) 按平面组合形式分

1) 低层农宅可分为:独立式,并联式和联排式

2) 多层农宅可分为:梯间式,外廊式,内天井式和点式。

6.4.2 新型农宅各功能组成部分的要求

农宅一般由堂屋(客厅)、卧室、厨房、仓库、生产用房、厕所、畜禽舍及庭院等组成。

(1)堂屋:是全家的活动中心,供起居、休息、学习、用餐、待客等日常活动多功能使用。因此,位置要适中,应宽敞明亮,有充足的采光通风,并充分利用其面积。

(2)卧室:是住宅的主要部分,供休息用。环境宜安静,有较好的采光和通风条件。居室应大小搭配,以适应不同的居住要求。居室之间既要联系方便,又要尽量避免穿套。

(3)厨房:能布置炉灶、案台、水池、碗柜和冰箱等的位置,有一定的活动和操作空间,可布置于庭院的一角或农宅建筑内,其面积一般大于10平方米为宜,并有直接的对外采光和排烟通风窗口。

(4)仓库:用于贮藏粮食、农具、杂物和车辆等。要注意防潮、通风、防虫、防鼠等问题。

(5)厕所:是日常必需的附属设施。设于室内必须有给水条件,也可与畜禽舍沼气池相互连接,搞好粪便的综合利用。

(6)阳台与晒台:设置阳台或将局部屋面做成晒台,可供起居活动和晾晒物品用。阳台长度一般与房屋开间相同,深度应为1.2~1.5米,可做成全挑、全凹或外廊式。屋顶设晒台,应做女儿墙。

(7)畜禽舍:这类建筑需要注意通风良好,牢固耐用,易于清洁卫生,便于饲养积肥,应该人畜分开。

(8)庭院:用于种植、养殖和增大活动空间、调节空气、美化环境。考虑节约用地,面积不宜过大。

6.5 怎样看建筑图

看建筑图的步骤如下:

(1)根据图标,查明建筑物名称、比例及说明。

(2)根据平面图、立面图和剖面图,了解房屋的外形、尺寸及内部的大致形状。

(3)根据平面图和剖面图,看出墙的厚度和材料(如砖、木)。

(4)根据平面图、立面图和剖面图,全面地了解门窗的种类、数量和式样。

(5)根据平面图,确定每层房间的分布情况,确定内部隔墙、承重墙、门

窗洞分布位置。

（6）根据平面图和剖面图，了解每个房间的尺寸（长、宽、高）和门窗洞的尺寸（宽、高）。

（7）根据剖面图，确定楼地面和屋面的构造，以及基础的位置、材料及埋置深度等。

（8）根据立面图和剖面图，了解房屋立面上装饰（如粉刷）的特点。

（9）最后要把平面、立面、剖面三种图上的图形和尺寸等内容一一对照起来看。

6.6 新型农村建筑房屋构造的基本知识

（1）基础。地基与基础是将结构所承受的各种作用传递到地基上的结构组成部分。对农房建设，基础形式通常分为刚性基础和柔性基础。刚性基础通常有灰土基础、三合土基础、砖砌基础、毛石基础、素混凝土基础等。灰土基础是用石灰和土配制而成的基础（体积比3∶7）。三合土基础是指用石灰、砂、骨料配制而成的基础（1∶2∶4或1∶3∶6）。柔性基础通常有柱下钢筋混凝土独立基础、墙下钢筋混凝土条形基础等。基础的埋置深度在满足地基稳定和变形要求的前提下，基础宜浅埋，除岩石地基外，基础埋深不宜小于0.5米。北方寒冷地区基础埋深应设置于冻土层以下。

（2）墙体。其作用是承受楼板、屋面传来的垂直荷载，防止风霜雪雨及太阳辐射的影响，根据使用需要分隔各种空间。常用墙体材料主要有砖、块石、预制块等。一般的墙体厚度为120毫米、240毫米、370毫米。在砌筑墙体时要结合设计要求对门框、窗台、伸缩缝、沉降缝、防震缝、过梁、勒脚、散水等作适当处理。墙体转角、交叉搭接处需一次性砌筑，不得留直槎。

（3）楼面与地面。它是房屋水平方向的承重构件，又起分隔房屋水平空间作用。楼面分木楼板、现浇钢筋混凝土板；地面分三合土地面、砖地面、混凝土地面。一般由面层、垫层和基层三部分组成。

面层，有水泥砂浆面层、水磨石面层和瓷砖面层等。

垫层，有刚性垫层（如低强度混凝土、碎砖、三合土等）和非刚性垫层（如砂、碎石、矿渣等松散材料）两种；

基层，地面基层多为素土夯实或加入碎砖石夯实，楼面基层是楼板。

（4）楼梯。楼梯主要是解决上下层的交通，一般楼梯主要由楼梯段和平台两部分组成。按梯板多少分为单跑、双跑楼梯；按受力方式有梁式、板式楼梯等；按施工方法分为现浇和预制楼梯。农宅楼梯梯段净宽不应小于1.1米，平台宽度不应小于梯段净宽，楼梯平台上部及下部过道处的净高不应小于2米，楼段净高不应小于2.2米，楼梯踏步最小宽度为0.25米，楼梯踏步最大高度为0.18米，踏步数量应多于3步，少于18步，扶手高通常为1.05~1.2米，水平栏杆高为1.05米。

（5）阳台。阳台可分为生活阳台和服务阳台。生活阳台应设于向阳面，供乘凉、晾晒等。生活阳台的深度南方应不小于1.5米，北方也可控制在1.2~1.5米。阳台栏杆高度应不低于1.05米，竖向栏杆其间隙不宜大于0.11米，阳台要考虑排水，应较楼面低3~5厘米，并有2%的坡度，坡向排水孔。

（6）屋面。是起覆盖作用的外围护构件，它有防水、承受天然荷载、保温隔热作用。分为坡屋顶和平屋顶两种，新型农村建筑应尽可能采用坡屋顶。

坡屋顶可分为钢筋混凝土结构和木结构两种。木结构坡屋顶在15毫米厚望板上铺油毡一层，再钉上顺水条、挂瓦条，盖上黏土瓦或水泥瓦即成。

平屋顶一般进行为现浇钢筋混凝土，再做隔热层、防水层。

（7）门窗。门的功能主要是供交通和内外联系；窗的主要作用是采光、通风。门窗通常应加设纱门窗。

（8）装饰。内装饰主要有砂浆、白灰粉刷、仿瓷、内墙涂料、油漆涂刷、贴面砖、贴墙纸等；外装饰主要有水泥砂浆粉刷、水刷石、外墙瓷砖、外墙涂料等。装饰作用主要是保护墙体，增加美感。

6.7 新型农房室内设计的主要内容

农宅室内设计要求创造出一个有利于使用者生活、休息的舒适室内环境。其主要内容包括空间处理，室内陈设，室内装修。

（1）空间处理主要指在建筑设计的基础上按人体尺度的要求进一步调整空间的比例、尺度。对空间进行分割及充分利用，解决空间之间的衔接、过渡、对比和统一等问题。在农村中一定要有一个较大客厅和厨房。

（2）室内陈设主要是研究选择配置室内家具与设备，窗帘、台布、床单等织物，盆景、绘画及各种工艺品，绿化、水、叠石以及照明方式与灯具等。在农村中主要讲究美观、耐用、朴素、大方。

（3）室内装修主要指确定墙面、地面、顶棚的材料、色彩、图案、纹理及做法。主要作用是保护墙体，满足室内使用功能要求，如防潮、吸声等；同时给人们提供美观、整洁而舒适的生活环境。

6.8 新型农村建筑的发展趋势

随着农村经济的增长，社会综合发展能力的增强，农民的生活水平不断得到提高，人们对住房的要求将越来越高。目前农房的发展趋势，主要体现在：

（1）充分有效地利用土地面积，节约用地。村庄将相对集中，生产区、生活区逐步分离，农房向多层发展，三、四层将成为今后发展的主流。

（2）室内采光通风良好，厕所浴室配套，住房卫生舒适。晒场不出门，生产交通工具入库，沼气、太阳能等清洁能源正逐步在农村中推广。

（3）积极推广适用新结构、新材料，房屋设计更富特色，施工更趋规范，农房建筑质量更有保证。建房有设计图纸，施工用专业队伍，并讲究室内外装饰，造型新颖又体现传统特色。

6.9 新型农村建筑建设应注意的问题

（1）一定要有设计图纸。设计图纸是专业技术人员经过科学合理布局，综合考虑结构功能、使用功能和各种因素，进行周密计算的结果，安全可靠。使用设计图纸还可避免建房上的盲目性、随意性，减少人为浪费。

（2）尽量聘请专业队伍或专业人员施工。专业施工队伍的施工机具配套，施工工艺先进，尤其是使用新型建筑材料稳妥。如钢筋混凝土的性质及施工方法，关键部位的处理，有较丰富的经验，质量验收标准掌握得好，可保证工程质量，达到设计要求。另外，取费是执行国家规定的统一标准，价格合理，讲求信誉，是民间零散施工人员所不及的。

（3）一定要按村庄建设规划建房。经政府批准的村庄规划就是法规，它是一个村庄几年甚至十几年、几十年建设的发展蓝图，如自作主张，乱占空地或随意在原宅基地上建房，势必造成今年建明年拆的局面。另外，村庄的公共基础设施、公益福利事业的建设也将受到影响。

总之，新型农村建筑的建设要注意自觉服从整体规划，尊重科学，勇于破除守旧观念。

7 农村建筑常用材料

7.1 建筑材料的基本性质

建筑材料在建筑物中，要承受各种外力及周围环境中各种因素的作用，这些作用都是促使材料破坏的因素。因此，在工程中要想正确地选择和使用材料，就必须了解材料的性质。这里只介绍与工程实际有关的材料基本性质。

(1) 密度与表观密度

密度——是干燥材料在绝对密实状态下单位体积的重量。

表观密度——是干燥材料在自然状态下单位体积的重量，过去称为容重，现已废止不用。

密度与表观密度主要用于计算材料的紧密度与空隙率，在工程设计中计算结构的自重，施工中便于搬运、吊装等的计算。有关建筑材料的密度与表观密度见表7-1。

(2) 空隙率。空隙率是材料体积内空隙体积所占的比率。空隙率主要用于表示材料内部空隙的多少或材料的疏松程度。空隙愈大的材料，表观密度愈小，隔热性质就愈好。空隙小的材料，可用于强度要求高或不透水的工程。

(3) 强度。强度是材料抵抗外力破坏作用的能力。强度因荷载不同，可分为抗拉、抗压、抗剪、抗弯、抗扭五种强度。在工程中为应用方便起见，常以强度为基础，将材料划分不同的强度，如：砖、石、混凝土、水泥等，以抗压强度的大小来划分强度，钢材以抗拉强度来划分。一般说来，材料的密度愈大，空隙率愈小，其强度愈高。

7.2 建筑用木材

(1) 木结构的含水率不应超过18%。因为木材的含水量多少，对于重量、体积和强度都有很大影响。木材含水量增加，体积膨胀，强度降低，容易产生收缩变形。含水率的计算公式：

含水率 =（潮湿木材重量－干燥木材重量）/ 干燥木材重量 × 100%

(2) 根据受力需要,正确利用顺纹与横纹。

1) 抗压。当木材含水率为15%时，顺纹不超过500公斤/平方厘米，横纹不

有关材料的密度与表观密度　表7-1

材料种类	密度 (克/立方厘米)	表观密度 (克/立方厘米)
石灰岩	2.63	1.8~2.0
黏土砖	2.5	1.6~1.8
水泥	3.1	1.2~1.3
砂	2.65	1.45~1.65
木材	1.55	0.4~0.9
玻璃	2.6	2.56
普通混凝土	2.7	2.0~2.4
钢	7.85	7.80

超过80公斤/平方厘米，所以承压构件采用顺纹适宜。

2) 抗拉。顺纹方向上常常超过1000公斤/平方厘米，横纹方向只20～50公斤/平方厘米。在工程中如无木切、斜纹等疵病，抗拉比顺压强得多，反之比顺压低。

3) 抗剪。木材的抗剪强度为抗拉强度的1/10～1/12，当剪力垂直于年轮的方向时，受剪强度较高。

4) 抗弯。木材抗弯强度高于顺纹抗压强度，低于抗拉强度。

(3) 注意防腐。门窗框靠墙的一面及木结构入墙的部分最好刷焦油或沥青防腐。

7.3 钢筋是怎样分类的，钢材的理论重量怎样计算

钢筋的分类：

(1) 按外形分光面圆钢筋、螺纹钢筋（人字纹和螺旋纹）；

(2) 按机械性能分Ⅰ级、Ⅱ级、Ⅲ级、Ⅳ级、Ⅴ级；

(3) 按钢种分普通碳素钢、普通低合金钢钢筋。

钢材的理论重量可以按下列公式计算：

(1) 基本公式：W（重量，公斤）$=F$（断面积，平方毫米）$\times L$（长度，米）$\times g$（密度，克/立方厘米）$\times 1/1000$。

(2) 几种钢材理论重量计算式，见表7-2。

几种钢材理论重量计算式　　表7-2

材料名称	理论重量W（公斤/立方米）
扁钢、钢板、钢带	$W=0.00785\times$边宽$\times$厚
方钢	$W=0.00785\times$边宽^2
圆钢、线材、钢丝	$W=0.00617\times$直径^2
钢管	$W=0.02466\times$壁厚（外径－内径）
等边角钢	$W=0.00795\times$边厚（2边宽－边厚）

注：各长度单位均为毫米。

7.4 常用砌墙砖规格、强度及用途

砌墙砖的标准尺寸为240毫米×115毫米×53毫米。砌筑时，如果考虑灰缝厚度为10毫米，则4块砖长、8块砖宽或16块砖厚的长度均为1米。

常用砌墙砖的规格、强度及用途，见表7-3。

7.5 普通玻璃种类及规格

(1) 普通平板玻璃：主要供窗用，它不仅有良好的透光性，能隔绝空气，且略有隔声效果。

普通平板玻璃，按厚度分2、3、4、5和6毫米5种，按外观质量分为特选品、一等品和二等品。出厂玻璃，国家规定为矩形，长宽比不得大于2.5；2毫米和3毫米厚的玻璃尺寸，不得小于400毫米×300毫米；4、5、6毫米厚的玻璃，不得

常用砌墙砖的规格、强度及用途　　表7-3

名称	规格尺寸（毫米）	砖强度等级	单块重（公斤）	适用范围
承重黏土空心砖	190×190×190 240×115×90 240×180×115	MU25 MU20 MU15 MU10 MU7.5	4.5 3.3～3.7 6.5～7.8	用于一般多层建筑的内外承重墙和高层建筑的内隔墙
蒸压粉煤灰砖	240×115×53	MU15 MU10 MU7.5	2.2～2.5	用于一般民用建筑墙体和基础，受冻融或干湿交替的部位必须使用≥MU10的一等砖

小于600毫米×400毫米。

(2) 装饰平板玻璃，分压花玻璃和彩色玻璃。

(3) 安全玻璃，分钢化玻璃和夹丝玻璃。

7.6 建筑水泥

(1) 品质指标必须合格。凝结时间：初凝不得早于45分钟，终凝不得迟于12小时，龄期强度值：32.5级水泥7天不得低于205～270公斤/平方厘米，42.5级水泥7天不得低于320～340公斤/平方厘米。安定性：用沸煮法检验必须合格。

(2) 多品种水泥不能混合使用。目前建筑工程常用水泥有硅酸盐水泥、普通水泥、矿渣水泥、火山灰水泥等。水泥强度等级，根据国家标准，有32.5级、42.5级、52.5级、62.5级等。无论是品种还是强度等级，均不能混合使用。

(3) 水泥保管要得当。水泥在运输和保管期间，要防止受潮，不得混入杂物；贮存时不得直接堆在地上，应离地面10～30厘米高，袋装水泥堆放高不要超过10袋，水泥一般应在三个月内使用完。每过三个月要降低一级使用。

(4) 结块水泥须处理后再用。由于水泥会吸收空气中的水分和碳酸气，其表面将缓慢水化而结块，自然降低原有强度。为不致随意浪费，结块水泥可压碎磨细，根据实际使用要求，掺配同品种强度的水泥使用。其掺配比例根据实验确定。结块水泥处理后可用于次要部位和受力小的部位。

7.7 建筑石子、砂

(1) 坚硬。要有足够的强度。通常要求碎石(砾石)的强度大于混凝土强度2倍。砂子使用前应作强度试验。

(2) 洁净。不论是石子或砂含泥量均不得超过3%；且不得含有动植物和腐败物质等有机物杂质。

(3) 颗粒调配适当。石子粒径0.5～4厘米均可，一般情况下采用两级配：粒径2～4厘米的占50%左右，0.5～2厘米的占50%左右，空隙率不得大于45%。砂子粒径为0.15～5毫米，一般情况下采用天然砂的天然级配，空隙率一般为37%～41%。

7.8 建筑石灰

(1) 尽量选择优质石灰。识别方法是：色白，杂质少，加水熟化时发热量高，消化快，出灰率高。未消化的残渣含量越大，石灰质量就越差。其等级区分：残渣含量少于7%为一等；7%～11%为二等；11%～17%为三等；残渣多于17%为等外品。

(2) 运输或贮存时避免受潮。运输受潮会促使石灰温度升高而酿成火灾。块状生石灰放置太久，会吸收空气中的水分而自动熟化成熟石灰粉，再与空气中二氧化碳作用而还原为碳酸钙，失去胶结能力，生石灰贮存期不宜超过一个月。

(3) 使用时要熟化和过筛。需用消石灰(熟化石灰)粉时，在使用前3～4天，用清水将生石灰熟化，过筛，筛孔孔径不大于5毫米。块状生石灰熟化成石灰膏时，应用网过滤，网孔不大于3毫米×3毫米，并保持在沉淀池中使其充分熟化，一般不少于15天。

7.9 建筑沥青

沥青具有良好的憎水性、粘结性和塑性，能抵抗酸碱侵蚀，抗冲击性能好，因此广泛用于屋面防水、地坪防潮和木构件防腐。

选用沥青应根据工程性质(房屋、防腐)及使用部位(屋面、地坪)来选用不同牌号的沥青。用作屋面防水，主要考虑耐热性，一般要求有较高的软化点，要求在作用温度下不流淌即可，一般可将30号、60号与10号沥青掺合使用。用作地坪防潮可用60号、100号和140号沥青，地区气温越低，应选用牌号越高的沥青。木构件防腐可选用液体沥青。

7.10　建筑混凝土

混凝土是由水泥、石子、砂和水按一定比例进行拌合，经浇捣、硬化而成的人造石。其配制过程是：

(1) 选定适当配合比。配合比设计中有水灰比、用水量、砂率三个重要影响参数，应合理选用，以保证混凝土强度。常用混凝土配合比见表7-4。

(2) 进行充分拌合。不论是机械拌合还是人工拌合，都必须搅拌至透彻均匀为止，尤其是对低流动性混凝土，拌合时间可适当延长。

(3) 运输灌注不要离析。混凝土的离析现象为石子与浆分家。出现离析将增加振捣难度，影响其强度。因此，运输避免停留时间过长，灌注高度不要超过3米。

(4) 振捣要密实：

1) 厚层混凝土应分层振捣，每层厚不得超过30厘米，间隔时间接层不得超过2小时；

2) 振捣要接层清楚，保证不漏振，振至表面泛浆，不再下沉为止；

3) 接头处重复振捣范围不得过大。

(5) 注意做好养护。浇注完毕的混凝土必须保持适当的温度与湿度，使水泥充分水化，才能保证混凝土强度不断的发展。养护常用方法为湿水养护，特别是前7天要适时浇水(每昼夜不得少于8次)保持湿润。7天后可减少湿润程度，但须湿润至28天方止。

7.11　建筑砂浆

(1) 选定砌筑砂浆配比(见表7-5)

(2) 选定砌筑砂浆强度等级。

对地下水位较高的基础，应选用水泥砂浆M5；

地下水位较低或基础在地下水位以上的基础，勒脚，潮湿环境的墙体，一般可选用混合砂浆M5；

常用混凝土参考配合比　　　　表7-4

水泥强度等级	混凝土强度等级	石子粒径(厘米)	卵石 1立方米混凝土材料用量(公斤)				碎石 1立方米混凝土材料用量(公斤)			
			水泥	中砂	石子	水	水泥	中砂	石子	水
32.5	C15	0.5~4	240	615	1380	165	265	652	1270	180
42.5			212	640			230	720		
32.5	C20	0.5~4	279	576	1380	165	311	639	1270	180
42.5			242	613			273	677		

常用砌筑砂浆配比　　　　表7-5

种类	水泥强度等级	砂浆重量配比(水泥：石灰膏：砂)			
		M2.5	M5	M7.5	M10
水泥砂浆	32.5	1：0：10.6	1：0：7.2	1：0：5.6	1：0：4.8
水泥石灰砂浆	32.5	1：1.69：10.8	1：0.84：7.4	1：0.46：5.8	1：0.6：5

地面以上一般房屋的承重墙体，可选用混合砂浆，石灰砂浆，石灰黏土砂浆 M2.5。

(3) 选定抹灰砂浆配比。

常用水泥砂浆的水泥、砂子比为 1：(2.5～3)；

常用石灰砂浆的石灰、砂子比为 1：(2～3)；

常用麻刀石灰浆的石灰、麻刀比为 50：1；

常用纸筋石灰浆的石灰、纸筋比为 16：1；

常用水泥石灰砂浆的水泥、石灰、砂子比为 2：1：15。

砂浆拌合以拌匀、少流动为准。

(4) 砂浆应随拌随用。掺有水泥的砂浆，其存放时间不得超过 2 小时。如果超过时间，须掺适量水泥和水重新拌合后使用，以免降低强度，影响工程质量。

8 建筑工程施工

8.1 施工组织的基本要求

施工组织的目的,是要通过最佳组织方案,严密的施工程序,使房屋建造进度快,造价低,质量好。其基本要求是:

(1) 科学编制施工组织方案

施工组织方案应根据建筑的地形环境、工程特点、工期要求、质量标准、建筑材料状况及施工力量水平综合比加减编制。

编制内容:

1) 工程概况。含工程地形特点,性质及工期,质量方面的要求和材料经费的保障情况等。

2) 施工进度。按工序衔接要求,确定分部分项工程的完成时间,明确各方配合协作关系。

3) 技术措施。含如何保障达到施工技术规范要求;如何运用新设备,新材料,新工艺;如何施行安全技术生产。

4) 平面布置。即对施工场地上机具摆放,材料堆放,运输道路等进行布署,以避免施工中相互干扰而影响工作效率,保持紧张而有秩序的施工。

5) 用工用料计划。对整个工程需用多少人工,多少各类建筑材料,什么时间需要等进行计算,作出安排。

6) 施工准备。含场地、材料、设计图纸等准备。场地尽可能达到三通一平(路通、水通、电通、场地平)。

(2) 严格操作程序管理

操作程序管理关键是掌握每项工序的时间,尤其是混凝土和砂浆的凝固时间。一般说来,混凝土框架和圈梁至少需浇灌养护7天后才能进行上一层的施工。

程序管理的重点是工序的衔接,当上一工序接近完,下一工序要紧跟上。否则将拖延时间。同时,对可同时进行的工作,应分工分头去做,尽可能的缩短工期,节省造价。

(3) 把好施工技术质量关

1) 熟悉施工图纸,掌握设计要求;

2) 熟悉材质标准,懂得施工技术规范;

3) 抓好四个关键环节:一是技术交底;二是放样定位;三是每道工序的质量检查验收,尤其是基础和承重墙柱、梁板的检验;四是施工工艺和配合协作。

8.2 基础埋置深度要求

在确定基础埋置深度时,一般使所设计的基础浅于或等于相邻原有建筑物基础。当必须深于原有建筑物基础时,则应使两基础间保持一定净距,根据荷载大小和土质情况,这个距离约为相邻基础底面高差的1~2倍。

如果不能满足此要求时,必须采取分段施工、设临时的基坑支持、打板桩等相应的施工措施,以避免开挖新基础的基坑时,使原有基础的地基松动。

8.3 地基和基础

(1) 房屋地基应满足稳定及变形的要求。一般应选择未受人工破坏的天然土层作为地基。地基承载力特征须按实际工程所处场地地质勘察报告确定。一般情况下的岩石类，碎石土类及黏土类均可作为平房或楼房的地基。切不可在土层构造变化大、厚薄分布不均，承载力和松软程度有明显差别；有大量淤泥和杂填土；有滑坡、泥石流、塌方等现象和在深度不大的范围有溶洞、坑井、墓穴、新填不久的池塘等地段选作房屋地基。

(2) 开挖基槽一定要挖到老土层，同时开挖中要防止塌方，注意开挖深度和边坡坡度的比例。(见表8-1)

(3) 选择合适的基础。基础因承受整个建筑重量，且埋于地下，受潮湿冰冻影响，因此要根据房屋承重、地质情况及当地气候等因素综合考虑选定。下面介绍几种基础供选择。

1) 砖基础。所用砖不低于MU10，砂浆可用M5，地基土较潮湿时最好用M5水泥砂浆，采用眠砌，两皮一收做成大放脚下。

2) 灰土基础。采用石灰与黏土(或煤渣)3:7或2:8配合比。黏土选用黏性较强的土，不得含有机物。石灰需在三天前化开，再与黏土或煤渣按比例搅拌均匀，加水至以手捏成团，碰之即碎为宜。施工时，每层虚铺22~25厘米，夯实至15厘米厚，称为一步，夯打后可洒少许清水将灰土润湿，然后再继续二步作业。采用灰土基础还可以掺合碎砖碎石作骨料搅拌后铺垫夯实，效果将更好。

3) 毛石基础。一般是用大小不等，形状不一，且未琢凿的石块用M5砂浆砌筑而成的基础。施工时要避免用风化石，石块应相互错缝搭接和垫稳，砂浆要饱满。

4) 混凝土基础。常用C10混凝土做成。基础较薄时用矩形断面，基础较厚时可做成梯形断面，并在混凝土内加适量毛石，可节省水泥用量。

5) 钢筋混凝土基础。主要用于房屋上部结构传给基础的承载力大或地基承载力差的地段。钢筋混凝土基础有整板基础，挖孔桩基础等。

8.4 房屋地面、楼面

地面楼面通常分作三层做。

(1) 基层：地面基层多为素土夯实或加入碎砖碎石分层夯实，每层厚不要超过20厘米。楼面基层是楼板，有木楼板，预制构件板和现浇楼板。安装预制板时要坐浆并保证伸入墙内不少于12厘米，支承在梁上不小于8厘米，端头孔洞必须用砂浆堵塞密实。安放时注意板面小面朝上，不要弄错，预制板侧面不能伸入墙内。板铺好垫稳后端头和板缝用碎石混凝土灌浆振捣连接密实。如计算不周，出现窄于一块预制板宽的缝时，可采用钢丝吊模板，现浇钢筋混凝土进行弥补。

(2) 垫层：地面垫层有砂石、三合土、混凝土等。楼面垫层是砂浆找平层。其做法与本书介绍的三合土、砂浆、混凝土等相同。

(3) 面层：通常可做成水泥砂浆面，

不同土质基槽最大开挖深度与坡度
表 8-1

土质类别	直壁开挖最大深度(米)	基槽开挖最大坡度(深:宽)
砂土，填堆的砾石土	1	1:1
亚砂土，粉质黏土，砾石、卵石土	1.25	1:0.67
黏土	1.5	1:0.33
特别密实土	2	1:0.25

水磨石面,板材铺装面,油漆面等。

制作楼面地面要注意:一是平面处理须保证不积水和雨水不回灌;二是面层处理要严格操作程序,保证面层质量,防止表层起皮、起砂。

8.5 楼梯与阳台

(1)现浇配模应牢稳,并检查尺寸准确程度和预埋构件、预留孔洞是否符合要求。

(2)预制板块楼梯要注意坐浆和支撑,待连成整体后才可拆去支撑。

(3)阳台排水,阳台面应低于楼地面地坪2~5厘米,并有不大于2%的坡度坡向排水孔。

(4)栏杆扶手高不应低于1.05~1.2m,竖向栏杆其间隙不宜大于0.11m。

8.6 砌砖的要求

按施工及验收规范有下列规定:

(1)砖的品种、强度必须符合设计要求,规格必须一致。

(2)砖砌体应上下错缝,内外搭接。

(3)实心砖砌体宜采用一顺一丁、梅花丁或三顺一丁组砌法砌筑。

(4)清水墙、柱表面应选用边角整齐、色泽均匀、规格一致的砖砌筑,并使砖的好面朝外。

(5)砖砌体水平灰缝的砂浆应饱满,实心砌体水平灰缝的砂浆饱满度不得低于80%。

(6)凡需要埋设木砖、铁件与预留孔洞的部位,要按照设计要求及时预埋或留置,不准遗漏。

(7)对已安好的门窗口或其他构件,必须保持位置、标高及垂直度不变。

(8)落地砂浆应在初凝前回收,并不得夹有杂物。

8.7 屋面和晒台的处理方法

屋面处理重点是保温、隔热、防渗漏,保安全。下面介绍几种屋面处理方法:

(1)坡屋面处理。坡屋面的坡度一般为1:2(俗称五分水),也可用1:2.5(俗称四分水),或1:2.25(俗称四分半水)。屋面尽量采用山墙到顶做法。两个山墙之间的屋面桁条(又称檩条)的数量可通过下式计算:

$$\{[(房屋总宽度+屋檐挑出的宽度)\times 屋面坡度系数]/0.66\}+1$$

式中0.66是指两条桁条中心的距离,单位是米。屋面坡度系数:采用五分水时为1.12,四分水时为1.08,四分半水时为1.11。上式计算出的数字取整数,尾数大于0.3时取1。

小青瓦每平方米的数量为185块。如用机平瓦,每平方米的数量16.8块。

坡屋面的施工应注意檐口,山墙封山板瓦片和屋脊的处理。常用方法为调制1:1:6水泥石灰砂浆窝牢,再压砖粉刷,使屋面四周及屋脊不致被风吹翻,同时也可增添造型美感。

(2)平顶屋面处理。常用平顶防水屋面是刚性防水屋面。它用砂浆或细石混凝土做成,利用其密实性达到防水抗渗目的。其做法是在屋面上用水泥砂浆32.5以上水泥和砂配比为1:(2.5~3)粉刷2层,分层厚度为1~1.5厘米,总厚为2~3厘米。粉刷时须压实抹光。后进行浇水养护不少于14昼夜。做水泥砂浆防水屋面,有条件者可掺水泥重量的3%~5%的氯化物金属类防水剂或6%~8%的金属皂类防水剂效果更佳。细石混凝土防水屋面主要用于装配式(预制板铺装)屋面,厚度为4~5厘米,其做法与砂浆防水屋面相同。

(3)屋面施工要注意各支座处稳固,构件联接牢固,各部位尺寸按图纸要求准确无误，屋面临时荷载均匀分布，确保工程质量、防止倒塌等事故发生。

8.8 钢筋混凝土施工

（1）按施工规范要求绑扎钢筋。

1）圆盘钢筋在裁剪前要冷拉，使其便于操作和在混凝土中直接受力。

2）光圆钢筋的端部要做弯钩，弯钩形状为圆钩，其长度一般是直径的6.25倍。

3）钢筋的摆放位置要正确。过梁、楼（屋）面板等受弯构件，受拉区在下部，受力钢筋必须放在构件下部；悬挑构件受拉区在上部，受力钢筋要摆放在构件上部；梁柱箍筋和板分布筋要按设计尺寸要求均匀摆放。摆放好的钢筋要认真检查，核对其位置、根数、间距、弯起角度及弯起点，特别要注意简支梁板和悬臂梁，板中受力钢筋位置不要放错。

4）钢筋绑扎可用20号或22号钢丝，绑扎应对称错向进行，位置应相对集中。钢筋接头处理，其搭接长度不应小于钢筋直径的35倍，可用铅丝绑扎，关键受力部需进行焊接。

（2）严格混凝土浇筑前的检查。浇筑混凝土前应对模板、钢筋、预埋件、预留孔洞等的规格、位置、数量、尺寸、标高等进行细致检查，模板尺寸要准确，支撑要牢固，钢筋骨架应无歪斜、扭曲、绑扎松动现象，保护层垫块厚1～3厘米。混凝土在浇筑前半小时，模板应浇水湿润，缝隙、孔洞要塞严。

（3）确实浇筑好混凝土。浇筑时，梁板构件宜从一端向另一端浇筑。对于厚大于30厘米的构件，应分层浇筑，插入式振捣器分层厚为20～30厘米，平板式振捣器为10～20厘米，人工捣固时为15～20厘米。振捣程度以混凝土不再下沉向上泛浆即可。浇筑混凝土应连续作业，前层与后层混凝土的衔接时间一般不要超过两小时，确需停工超过两小时者，应做施工缝处理。即先凿毛，用水冲洗干净，灌高一级强度的混凝土料，再接着浇灌。浇筑混凝土质量要求是内实外光。浇灌完后浇水养护不少于15天。

（4）妥善处理好混凝土表面缺陷。在浇灌中由于思想和技术上的疏忽，可能会出现蜂窝、麻面、裂缝、露筋、狗洞等缺陷。出现缺陷后要根据具体情况进行修整补强。对数量不多的蜂窝、麻面等缺陷，可用1:(2～2.5)的水泥砂浆抹平修补。对蜂窝较深或露筋严重的，要清除不密实的混凝土，用水冲洗后，用比原强度高一级的细实混凝土，并掺入水泥用量0.01%的铝粉，填补捣实。

8.9 门窗的选材与安装

（1）门窗的种类

常用门窗的种类

1）按材料可分为：木门窗、钢门窗（包括实腹，空腹和彩板钢门窗）、铝合金门窗、塑钢门窗、玻璃钢门窗和不锈钢门窗。

2）按开启方式可分为：平开窗、推控窗、中悬窗和上悬窗。

（2）门窗的选择与安装

1）注意选用合适的型材系列，减轻重量，降低成本，满足强度，耐腐蚀及密闭性要求。

2）制作框扇的型材表面不能有沾污、碰伤的痕迹，不能使用扭曲变形的型材。

3）门窗的尺寸一定要准确。尤其是框扇之间的尺寸关系，并应保证框与洞口的安装缝隙。上下框距洞口边15~18mm，并应注意窗台板的安装位置，两侧要留20~30mm。

4）门窗安装后要平整，方正，安装门窗框时一定要吊锤线和对角线卡方，塞缝前要检查平整垂直度，塞灰后强度达到要求后再拔去木楔，注意不要使灰浆溅在表面，若溅上灰应及时擦除。

8.10 房屋室内外装修要点

（1）室外装修。为保护墙体不受雨水冲刷和风化，屋面少受风霜雪雨损害，延长其使用寿命和增加造型、外观美感，体现地方特色，对外墙和屋面进行适度装修很有必要。

1）砖、石墙的外墙面一般采用清水墙，用砌筑砂浆调配颜料勾缝。如红砖墙调配乌烟水泥浆成黑色，青砖调配白水泥或石灰白水泥浆成白色等。勾缝可勾平缝、凹缝或凸缝，须保持平向竖向交叉匀称。石墙一般用水泥砂浆勾凸缝，并应注意按石缝处理好花纹。

外砖墙还可用水泥砂浆粉刷，为防止粉刷先后不一水泥凝固时颜色不一致的现象发生，水泥砂浆中可掺适量石灰；同时，粉刷块面必须用板条分隔，以防止粉刷面出现伸缩裂缝，分隔线可用白灰等勾缝。

砖墙更高级的装修是洗砂、贴外墙瓷砖、陶瓷锦砖、大理石等。洗砂是用有色水泥砂浆拌白、红、绿、黄等颜色米石，粉到墙上待初凝时间过后开始用喷洒水方法，由上而下喷雾状水冲洗，洗至颜色米石鲜明即可。贴外墙面砖、陶瓷锦砖、花岗岩板等是在外墙用水泥砂浆粉刷的基础上进行的。贴前要按贴面材料的规格尺寸先画线，然后由上而下粘贴，边贴边塞缝勾缝，擦拭干净，要特别注意贴面顶部的压顶处理，防止雨水向墙体渗漏。外墙贴面还要注意颜色协调搭配，讲究美观。

2）屋顶造型处理应多样化，反对千篇一律的平屋顶和坡屋顶，以丰富建筑造型。坡屋顶可做成单面坡，双面坡，三面坡乃至多面坡，屋脊中间和两头可做成瓦花或翘角。平屋顶可做成梯层屋顶，与上晒台、楼梯口、凉亭、水箱结合。另外，屋顶还可做成圆型、宝塔型等。无论做成什么式样的屋顶，因处于较高位置，受风雨雷电袭扰机会多，必须用坚固耐久的材料，如钢筋混凝土现浇和钢构件，并设置避雷装置。

（2）室内装修。室内装修目的在于方便适用，舒适美观。其主要内容有：

1）地面装修。主要是保证地面平整光滑，易于清扫。常用方法有打筑三合土地面上抹一层厚2厘米的水泥砂浆；浇灌5~8厘米厚的混凝土地面；在混凝土地面铺层不少于3厘米厚的带色米石砂浆，待终凝后用砂轮片或磨石机磨光的水磨石地面；用地板砖或木板等铺制成的铺装地面。

2）内墙面装修。先用1:1:3:4的水泥、石灰、砂、黄土混合砂浆粉刷墙面打底，待干后用麻刀或纸筋石灰浆粉面。石灰膏每立方米掺麻刀12.4公斤，或掺纸筋38公斤即可。待完全干燥再用大白浆涂料提白，也可涂刷油漆或贴墙纸。新推广的仿瓷涂料装修内墙效果也很好。内墙面装修要注意色彩调配，墙裙可用稍深一点的颜色，踢脚线用耐脏的颜色。

3）木门窗装修。主要是刷油漆，其步骤是先用石膏腻子修填补洞平缝，砂纸磨平，油漆打底，最后刷面漆。油漆颜色靠外面以稍深，靠内面用稍淡为好，但须与内墙色彩协调。

4）顶棚装修。常用方法是用麻刀或纸筋石灰浆粉刷后再用大白浆或涂料提白；也可用钙塑板、石膏板、纤维板等吊顶。制做木板顶棚，适用于坡屋面，它既可装饰房间，又可作储藏的阁楼。

5）厨房卫生间的装修。主要解决排水通风、采光和易于清扫污染物。注意地面应坡向地漏，墙裙墙面靠锅台及水池等进行水泥粉刷或粉刷水泥后贴瓷砖、陶磁锦砖、地板砖。

8.11 建筑工程施工标准

根据国家颁发的有关技术标准和建筑安装工程施工及验收规范规定，建筑工程质量按分项、分部和单位工程划分进行检验评定，分为"合格"与"优良"两个等级。具体标准如下：

(1) 模板工程标准

模板安装允许偏差和检验方法见表 8-2。

模板接缝宽度不大于 2.5 毫米为合格，不大于 1.5 毫米为优良。

(2) 钢筋工程标准

钢筋安装允许偏差和检验方法见表 8-3。

钢筋的品种和数量、冷拉的机械性能必须符合设计要求和有关标准规定；钢筋表面不得带有颗粒状或片状生锈；钢筋加工的形状、尺寸、绑扎的间距、锚固长度、接头设置摆放位置必须符合设计要求和施工规范规定；绑扎不能缺口、松扣、焊接无漏焊、开焊，弯钩的

模板安装允许偏差和检验方法　　表 8-2

项次	项　　目		允许偏差(毫米)				检验方法
			单层、多层	高层框架	多层大模	高层大模	
1	轴线位移	基础	5	5	5	5	尺量检查
		柱、墙、梁	5	3	5	3	
2	标　　高		±5	+2 -5	±5	±5	用水准仪或拉线和尺量检查
3	截面尺寸	基础	±10	±10	±10	±10	尺量检查
		柱、墙、梁	+4 -5	+2 -5	±2	±2	
4	每层垂直度		3	3	3	3	用 2 米托线板检查
5	相邻两板表面高低差		2	2	2	2	用直尺和尺量检查
6	表面平整度		5	5	2	2	用 2 米靠尺和楔形塞尺检查

钢筋安装允许偏差和检验方法　　表 8-3

项次	项　　目		允许偏差(毫米)	检　验　方　法
1	网的长度、宽度		±10	尺量检查
2	网眼尺寸	焊接	±10	尺量连续三档取其最大值
		绑扎	±20	
3	骨架的宽度、高度		±5	尺量检查
4	骨架的长度		±10	
5	受力钢筋	间距	±10	尺量两端中间各一点取其最大值
		排距	±5	
6	箍筋、构造筋间距	焊接	±10	尺量连续三档取其最大值
		绑扎	±20	
7	钢筋弯起点位移		±20	
8	受力钢筋保护层	基础	±10	尺量检查
		梁柱	±5	
		墙板	±3	

朝向应正确。

(3) 混凝土工程标准

评定混凝土强度以试块试压数据和现场回弹检测为准。混凝土表面不得出现蜂窝、孔洞、露筋、麻面、缝隙夹渣等缺陷。轴线位移偏差：基础不偏差15毫米，柱梁墙不偏差8毫米；标高偏差：层高±10毫米以内，全高±30毫米以内；表面平整度不偏差8毫米。

(4) 砌砖工程标准

实心砖砌体水平灰缝的砂浆饱满度不少于80%；外墙转角处严禁留直槎；砖柱、垛无包心砌法，窗间墙和清水墙无通缝；接槎时灰浆密实、砖缝平直；墙体轴线位置偏移不偏差10毫米，垂直度全高不偏差10毫米，表面平整度不偏差5毫米，水平灰缝平直度不偏差7毫米，水平灰缝厚度+皮砖累计不偏差8毫米。

(5) 地面与楼面工程标准

面层与基层的结合必须牢固无空鼓，水泥砂浆面层无明显脱皮和起砂，地面表层密实光洁无裂缝，地面平整无积水，无倒回水，无渗漏，踢脚线高度致无空鼓；楼梯踏步相邻两步宽度和高度差不超过20毫米。

(6) 门窗安装工程标准

木门窗框安装位置正确、稳靠牢固；门窗扇截口顺直，刨面平整，开关灵活，无倒翘、无回弹；小五金齐全，木螺丝拧紧卧平，插销关启灵活，门窗披水、盖口条、压缝条、密封条的安装尺寸一致，与门窗结合牢固严密。铝合金门窗还须关闭严密，间隙均匀，灵活适用，外观洁净，大面无划痕、碰伤、锈蚀、涂胶大面光滑无气孔。

(7) 一般抹灰工程标准

一般抹灰的允许偏差和检验方法见表8-4。

抹灰层与基体必须粘接牢固，无脱层，空鼓，面层无爆灰和裂缝；普通抹灰光面光滑洁净，接槎平顺、整齐；中级抹灰表面光滑，接槎平整，线角顺直；高级抹灰除满足上述要求，还需颜色均匀、无抹纹，线角和灰线平直方正、清晰美观，孔洞、槽、盒和管道后面抹灰表面尺寸正确，边缘整齐，光滑平整，框与墙间缝隙填塞密实。

(8) 刷浆（喷浆）工程标准

一般刷浆（喷浆）严禁掉粉、起皮、漏刷和透底；刷纹通顺，喷点均匀、颜色一致、基本洁净。

(9) 层面卷材防水工程标准

层面卷材防水层严禁有渗漏现象，表面平整不积水；冷底子油涂刷均匀，卷材粘贴牢固，无滑移、翘边缺陷。

8.12 农村危险房屋的鉴定及处理方法

鉴定危险房屋分两部分进行。即危险构件和危险房屋。

8.12.1 危险构件鉴定

危险构件是指构件已经达到其承载能力的极限状态，并不适于继续承

一般抹灰的允许偏差和检验方法 表8-4

项次	项 目	允许偏差(毫米)			检 验 方 法
		普通	中级	高级	
1	表面平整	5	4	2	用2米靠尺和楔形塞尺检查
2	阴、阳角垂直	—	4	2	用2米托线板检查
3	立面垂直	—	5	3	用2米托线板检查
4	阴、阳角方正	—	4	2	用方尺和楔形塞尺检查
5	分格条（缝）平直	—	3	—	拉5米线和尺量检查

载的变形。

(1) 危险地基、基础

地基因滑移，其他特殊地质原因，建筑增大荷载；基础老化、腐蚀、酥碎、折断等出现不均匀沉降，导致结构明显倾斜、位移、裂缝、扭曲等，并有继续发展的趋势。

(2) 危险的钢筋混凝土柱、墙

柱产生裂缝，保护层部分剥落，主筋外露，或一侧产生明显的水平裂缝，另一侧混凝土被压碎，或产生明显的交叉裂缝；墙中间部位产生明显的交叉裂缝，或伴有保护层剥落。柱、墙产生倾斜，其倾斜度超过1%及混凝土酥裂、碳化、起鼓，其破坏面超过全面积的1/3，且主筋外露，锈蚀严重，截面减少。

(3) 危险的钢筋混凝土梁、板

单梁、连续梁跨中部位横断裂缝，其一侧向上延伸达梁高的2/3以上，或其上面产生多条明显的水平裂缝，下面伴有竖向裂缝，或连续梁在支座附近产生明显的竖向裂缝，或在支座与集中荷载部位之间产生明显的水平裂缝、斜裂缝；框架梁简支梁在固定端产生明显的竖向裂缝或斜裂缝或交叉裂缝；悬挑梁根部产生明显的竖向裂缝或斜裂缝。

捣制板上面周边产生裂缝，或下面产生交叉裂缝，预制板下面产生明显的竖向裂缝。

各种梁、板产生超过跨度1/150的挠度，且受拉区的裂缝宽大于1毫米；各类保护层剥落，半数以上主筋外露、严重锈蚀，截面减少；预应力预制板产生竖向通裂缝，或端头混凝土松散露筋，其长度主筋达100×直径以上的。

(4) 危险的混凝土屋架

产生超过跨度1/150的挠度，且下弦产生缝宽大于1毫米的竖向裂缝；支撑系统失效导致倾斜，其倾斜量超过屋架高度的2%；端节点连接松动，且有明显裂缝。

(5) 危险砌体墙

墙体产生缝长超过层高的1/2，缝宽大于2厘米的竖向裂缝，或产生缝长超过层高1/3的多条竖向裂缝；梁支座下门窗洞口的墙体产生明显的竖向裂缝、交叉或水平裂缝；产生倾斜其倾斜量超过层高的1.5%或相邻墙体连接处断裂成通缝；风化、剥落、砂浆粉化，导致墙面及有效截面削弱达1/4以上（平房达1/3以上）。

(6) 危险木柱、梁及檩条

柱顶撕裂，榫眼劈裂，柱身断裂；蛀蚀严重，敲击有空鼓声；因腐朽变质，柱脚有效截面减少1/2以上或其他部位达1/4以上。

梁及檩条中部断裂；产生明显的斜裂缝，水平裂缝，其长度与深度分别超过构件跨度与高度的1/3；梁产生超过跨度1/120的挠度，檩条产生超过跨度1%的挠度；榫头断裂，支座松动、腐朽后有效截面减少1/5以上。

(7) 危险木屋架

支撑系统松动失稳，过度变形，导致倾斜超过屋架高度的4%；上、下弦杆腐朽变质，使有效截面减少1/5以上；钢拉杆松脱，主要节点连接失效。

(8) 危险混合墙

墙体产生倾斜，其倾斜量超过层高的1.2%；墙体连接处或墙体产生竖向裂缝，其深度达墙厚，缝长超过层高的1/2。

8.12.2 危险房屋鉴定

危险房屋指承重构件已属危险构件，结构丧失稳定和承载能力，随时有倒塌可能，不能确保住用安全的房屋。

(1) 整幢危房

1) 因地基、基础产生的危险，可能危及主体结构，导致整幢房屋倒塌的。

2) 因墙、柱、梁，混凝土板或框架产生的危险，可能构成结构破坏，导致整幢房屋倒塌的。

3）因屋架，檩条产生的危险，可能导致整个屋盖倒塌并危及整幢房屋的。

（2）局部危房

可能导致房屋局部倒塌，住用产生危险的构件有地基、基础、墙、柱、梁、混凝土板、屋架、檩条、椽栅、悬挑构件。

8.12.3 对危房及危险点的处理

（1）危房需由有资格的建筑工程质量监督部门鉴定。单位和个人可据鉴定标准提供处理报告。

（2）对危房，应按危险程度，影响范围，根据具体条件，分轻、重、缓、急，安排修建计划。

（3）对危险点，应结合正常维修，及时排除险情。

（4）对危房和危险点，在查清、确认后，均应采取有效措施，确保住用安全。

9 新农村的建设管理

9.1 建立村庄民主管理制度

建设好社会主义新农村,充分发挥好农村基层党支部的战斗堡垒作用,坚持民主管理,科学决策。村庄民主管理制度以实现维护好最广大人民群众的根本利益为准则。他对于改变村庄面貌,提高农民群众的文明素质,改善农村人居环境,切实解决人民群众生产、生活中遇到的各种困难和问题,整体推进农村精神文明建设将起到积极的推动作用。在推进会义新农村过程中,民主管理要突出体现在"建立自治组织,完善管理制度,落实责任目标,强化监督管理,严格奖惩措施"上。首先是要建立村民自治组织。村庄可成立由村民选举的"村民自治理事会"、"民主理财理事会"等群众自治组织,理事会设会长一人,副会长2~4人,成员若干人。负责处理村内村外的一切事务。其次是完善管理制度。村民自治组织要结合本村的实际情况,因地制宜地制定"村规民约"、"村庄建房管理制度"、"村庄环境卫生管理制度"等,并经村民大会讨论通过。其三是要落实责任目标。有了制度,就要严格执行。村民自治理事会要分工负责,落实各项制度管理的责任人,切实做到:各司其职,各负其责。其四是强化监督管理。根据村民自治理事会的分工,有关责任人要勇于担当起监督管理的责任,发现违规违章的要及时报告或妥善处理。五是严格奖惩措施。对在建设社会主义新农村中表现突出的人和事要进行表扬或给予适当的奖励,对违反村规民约及有关制度的,应严格按照规定进行处罚。

9.2 村庄建设管理人员的任务

村庄建设管理,是指对村庄建设规划、新建工程的设计、审查、施工及原有公共设施的维护和管理,使村庄建设按规划健康有序地进行,适应村庄经济发展,物质和文化生活水平提高的需要。

管理人员的主要任务是:

(1)贯彻执行国家有关新农村建设的法规、方针、政策。

(2)组织本村区域建设规划的编制、报批与按规划实施。

(3)负责建筑管理,协助上级业务部门对建筑设计、施工质量等各项建设活动进行监督。

(4)组织和督促对村庄基础设施与村庄环境的维护管理。

(5)负责对村庄的环境保护工作,对各类污染进行防治,保护历史文化遗产。

(6)搞好村庄的环境绿化和环境卫生管理。

(7)负责本辖区违法、违章建筑管理。

9.3 新农村建设规划实施管理

村庄规划区内的各项建设必须服从规划管理。规划管理要严格把住"四关":

(1) 统一规划关。任何单位和个人建房,必须严格按批准的规划进行建设。

(2) 审查批准关。任何单位和个人建房,必须办理村庄规划选址、土地使用、建筑设计、建筑施工许可等审批手续,坚决杜绝无审批程序的建设工程。

(3) 实地放线关。按建设程序办理审批手续后,乡(镇)或县级村镇建设管理部门要到实地放线后,才能开工建设。沿公路一侧规划建设村庄的,其建筑物边缘与公路边沟外缘的间距为:国道不少于20米,省道不少于15米,县道不少于10米,乡道不少于5米。

(4) 复查验收关。各类工程竣工后,县、乡两级建设主管部门都必须到实地按规划红线进行复查验线,经验收合格后才能交付使用。

9.4 新农村建设工程设计管理

(1) 村庄建筑设计应当坚持适用、经济、安全、卫生、美观的原则,符合国家和地方有关节约土地、资源及抗御自然灾害等规定,保持地方特色,与周围环境相协调。

(2) 村庄规划区内,跨度、跨径6米以上或者高度4.5米以上的公共设施、公益事业设施和生产经营性设施的建设工程,必须由具有相应资质证书的单位进行设计,或者选用通用设计、标准设计,并按照要求进行工程地质勘察。

禁止无证设计、超越资质等级设计和无设计施工。

9.5 新农村建设建筑工程施工管理

承揽村庄建设工程施工任务的单位,必须持有相应的施工资质等级证书,并按规定的范围承揽施工任务。

(1) 在村庄规划区内取得建设工程规划许可证的单位或个人,在建设工程开工前,应当告知批准机关,有关部门应派人到现场放样、验线。

(2) 承揽村庄建设工程施工任务的单位,应当严格按照规划、设计图纸和有关技术规范、标准施工,禁止使用不符合工程质量要求的建筑材料和建筑构件。

县级建设行政主管部门或者其委托的乡(镇)人民政府应当对建设工程施工质量和施工安全进行监督检查。

(3) 村庄公共设施、公益事业设施和生产经营性设施以及单位的其他建设工程竣工后,应当按照国家和省有关规定组织验收,并在验收合格15日内,将竣工验收报告报县级建设部门备案。

9.6 新农村建设道路与排水设施的管理

村庄规划区的道路与排水,是每个村庄必不可少的公共设施,是不可分割的两项建设工程,凡在修建道路的同时,必须建好排水沟。

(1) 确定村庄道路骨架,新农村建设必须坚持按规划先修道路和排水沟,后建房屋。如无条件修建道路,必须先划好道路红线,将村庄内部道路及排水沟的位置按规划设计留出来后再建房。"空心村"或旧村内部改造,首先要打通村庄内部的道路,实行有计划的改造,截弯取直,拆除规划障碍。

(2) 加强村庄内道路的管理,对已

修建的道路不得以任何借口进行损坏，如有损坏的，应当从严处理；不得在道路上设置路障；不得侵占道路和堆放杂物。

（3）村庄各类建设不得侵占道路红线及红线上空，已侵占的要让出，否则要按照当地政府和村规民约予以处理。

（4）排水沟要结合村庄道路修建时进行。要根据排水流量，确定排水流向、水沟坡度及桥涵建造，保证排水流畅。

（5）排水沟及检查井要落实人员管理，可采取分段包干的办法进行清理，对于损坏部位要及时进行修理，以保证水沟完好无损，发挥其应有的作用。

9.7 新农村建设饮用水的管理

（1）保护饮用水用量。在确定村庄的所需用水量时，必须保证村民饮用水不少于100升/（人·日）的用量，建小型水厂，还必须考虑村民生产用水、消防用水及其他不可预见的消耗用水。

（2）保证饮用水质量。按国家规定的"饮用水水质标准"规定：水质必须达到感观性状指标、化学指标、毒理学指标和细菌指标的要求。

（3）保证用水的压力。自来水能自动流水，是靠水的压力，解决水压的办法：一是高差压力，即水塔水池底部的标高至少应高于最高用水处2米；二是机械压力，即使用水泵加压或调频加压，保证最高用水处能用得上水。

9.8 新农村建设环境卫生管理

环境卫生管理是新农村环境达到舒适、优美、清洁、卫生不可缺少的条件之一，它包括厕所、垃圾箱、垃圾处理场、沼气净化池、污水沟的清理等，直接影响到村民的身体健康和村庄的文明程度。

因此，必须切实抓好村庄的环境卫生。

（1）健全村庄环境卫生管理制度。制定环境卫生管理标准、落实责任区的划分，坚持检查制度、奖罚制度以及家禽圈养、公共场所的管理等。制度经村民会议讨论通过后，必须坚决执行。

（2）要抓好垃圾坑、箱、粪坑等设施的建设。用沼气池处理粪便、垃圾，净化环境效果好，适用范围广，村民均可采用，同时要定期清圈除粪喷药灭蚊、绳等。

（3）坚持房前屋后实行三包（包清扫、包清运、包洁净）责任制，定期进行检查评比，奖惩兑现。同时村庄内可建立村民督导组，做好群众自己管理自己的工作。通过这些措施促进村民养成爱清洁、讲卫生的良好卫生习惯。

9.9 新农村建设环境保护的管理

环境保护是我国的一项基本国策。加强村庄环境保护管理，首要的是组织和发动广大农村干部和群众自觉地保护和改善自己家园的生态环境，坚持"以防为主，综合治理"的方针，以及"谁开发谁保护、谁污染谁治理"的原则，防治乡村企业、养殖业的污染。杜绝城市污染企业向农村转移是当务之急，积极发展生态农业，保护农村生态平衡。

（1）整合小型村办工业。第一，集中建立小型工业区（工业区应向城镇集中）或养殖区，这样既可节约土地，发挥规模效益，又便于"三废"的综合治理和资源的综合利用；第二，将排放大量烟尘和有毒有害气体的企业布置在村庄主导风向的下风向，并远离居民居住区；第三，将排放有毒有害废水的企业布置在村庄水源的下游及远离水源保护区；第四，将易燃易爆的生产企业布置在远离村庄、仓库的地方；第五，将产生噪声、振动较严重的企业布置在远离村庄居民区、卫生所、学校、幼儿园的地方。

（2）切实抓好老污染源的治理。对布局不合理，污染扰民严重而又难于治理的小型工业企业要坚决关、停、并、转、迁；要通过技术改造、改革工艺、更新设备、提高资源、能源综合利用率，减少"三废"排放量，达到增加效益，减少污染的目的；对污染企业，要作出规划，分期分批限期治理，决不能姑息迁就，任其发展。

（3）加强自然资源保护。一定要在推进农业经济发展的过程中，合理利用自然资源，搞好农业区域和村庄建设规划；保护好森林植被，防止水土流失；保护江河、水库和地下水源，防止水质污染；合理使用化肥、农药，推广生物防治；发展薪炭林、沼气、太阳能、小水电等无污染能源；合理饲养家禽家畜、水产鱼类，促进农林牧副渔全面发展和农业生产的良性循环。

（4）努力建成生态农业村。建设生态农业村可采取以下几种模式：

1）桑、蚕、猪、牛、沼气、鱼物质交换模式。即桑叶养蚕，蚕粪配合其他饲料养猪、牛，猪牛粪制造沼气用来发电照明或做饭，沼气肥投入鱼池养鱼或肥田，也可用来肥桑。

2）种、养、沼气家庭式良性循环模式。即用粮食配合其他成份加工成饲料用于喂养家禽，禽粪和其他饲料配合养猪，猪粪投入沼气池，沼气用来发电照明或做饭，沼气渣用来肥田。

3）种、养、加、贸工农型生态模式。即用粮食加工成食品供应市场，把加工后的米糠等制成饲料，饲料用于喂养家畜家禽。

4）建立棉、蔬菜、瓜、果、豆共生，稻、鱼共生以及利用生物防治的无公害蔬菜基地或粮、棉、油、鱼基地。

9.10 新农村建设绿化美化管理

村庄绿地是村庄生态经济的重要组成部分，在改善村庄生态环境，美化生活环境，促进农村生态经济协调发展起着重要作用。村庄绿化管理就是对村庄绿化规划及绿地建设实施管理。

（1）根据当地特点，利用原有的地形、地貌、水体、植被和历史文化遗址等自然、人文条件，以方便群众为原则，合理设置公共绿地、居住区绿地、防护绿地，重点抓好房前屋后、道路两旁、公共场地的绿化管理。

（2）抓好绿化分片分段包干责任区的管理，不允许任何人破坏公共绿地，新栽的花草树木要加强管理，确保成活率。

（3）指导农户庭院绿化美化，落实公共绿地树木花草的种植、修整、养护和更换，对村庄中的古树名木实行统一管理，分别养护。

9.11 村庄历史文化资源的保护

具有历史价值的村庄和历史文化资源作为记载历史信息的载体，其古迹，必须重点保存并加以保护。主要措施：

（1）明确保护要求。根据宜春市委、市政府文件规定："在旧村改造中，必须把规划改造与保护文化资源有机结合起来，尽可能发掘和弘扬传统文化、体现文化底蕴，特别是要保护村庄内县级以上保护的文化古迹、古建筑、古树名木和风景名胜等"，为传承村庄文化资源提出了严格的要求。

（2）开展资源调查。县、乡两级政府对各地村庄内的历史文化古迹要进行普查。对其所在地点、所处位置、特色风貌、价值和现状进行调查与评估。具有保护价值的重点院落和单体建筑等，要登记造册，由县级人民政府挂牌公布，列为重点保护文物。

（3）编制保护规划。在旧村改造之前，所在村庄都必须编制建设规划，并报县级政府批准实施。保护规划要在深入了解其历史、地理及民俗习惯的基础上进行编制，并准确把握其空间布局、建筑风貌及其内涵和特色，顺其自然，减少人为因素。保护规划在图纸上重点标注，在规划文本中突出体现。被列为国家、省、市重点保护的文物还要编制专项保护规划。

（4）严格保护措施。所有列入县级政府挂牌保护的文物，要制定保护范围和建筑控制地带，并作出相应的管理规定，落实人员进行管理。在旧村改造中，任何单位和个人不得进行拆除，新建房屋必须派专人现场勘察，确定不影响文物的空间布局和整体风貌后才能批准建设。否则，将按照有关法规进行处理，以保护村庄历史文化资源免遭破坏。

9.12　新农村建设档案的管理

能源、材料、信息是人类文明的三大支柱。档案是一种信息，村庄建设档案不只是对村庄建设与管理活动的记载，更是村庄将来的规划、设计、施工、维护和管理的条件和依据。加强村庄档案管理是村庄建设管理中一项重要的基础性工作。

（1）建立健全建设档案管理制度，由乡镇人民政府村镇建设办公室负责收集，并严格按管理制度执行。

（2）健全归档制度。凡农户建房、公共设施、公共建筑、设计图纸、规划文本、审批表及其他资源必须进行整理，妥善保管，不得损坏丢失或据为己有。

（3）建立查阅建设专案制度，查阅档案，必须有批准手续。既要满足日常建设、管理的需要，也要保障档案材料的安全和完整。

9.13　村委会在新农村建设管理中的责任

（1）宣传贯彻《土地管理法》、《环境保护法》、国务院《村庄和集镇规划建设管理条例》及国家、省、市、县有关村庄建设管理的方针政策和法规，制定和完善村庄建设管理的具体实施办法及村规民约。

（2）编制村庄规划。配合乡（镇）政府完成规划编制，提供村庄规划的资料分析，组织群众讨论、制定村庄规划。

（3）组织实施村庄建设规划，包括资金筹集，参与建设项目的选址定点，建设项目的施工管理及竣工验收。负责收集保管村庄建设资料。

（4）认真组织各项建设用地及农户宅基地用地的申报、查验工作，负责调解建房矛盾，配合查处违章建房、不合理使用宅基地，协助上级部门征用国家建设用地。

（5）加强环境保护管理。认真贯彻"全面规划，合理布局，综合利用，化害为利，依靠群众，大家动手，保护环境，造福人民"的方针。坚持执行村庄建设、经济建设和环境建设"三同步"的原则，切实保护好村庄环境。

（6）维护好公共设施（道路、桥涵、水沟、绿化、电力、电讯、环境卫生等）和公用事业设施（学校、医务室、活动室、公房等）。使公共设施和公用事业设施能充分发挥其应有的作用。

下篇：建设实例篇

1 江西省宜春市高安市八景镇上保蔡家村整治规划

编者按：2004年初，江西省提出在全省创建100个小康文明村的目标号召及工作部署，蔡家村被选入列。江西省高安市八景镇蔡家村规模较小，村庄周边环境较为优美，村内有约200年的古树；整治前存在的问题主要有房屋较为破旧、布局密集混乱、基础设施公共设施滞后、村内环境较为脏乱等。规划对于村庄整治中如何发挥政府的引导作用和促进公众参与进行了积极的探索。建立了村庄整治项目库，制定了维护与管理的具体模式，责任到户到人，基本形成文明卫生的村庄环境面貌。是村庄治理学习的典范。

1.1 现状概况

蔡家村是江西省宜春市高安市八景镇所辖上保行政村的一个自然村，位于八景镇西南5公里（距上保中心村2公里），北距高安市区35公里，南距樟树市13公里，素有八景镇"西大门"之称（图1-1）。

蔡家村现有村民住户61户，人口220人，其中劳动力112人，拥有耕地401亩。农业生产主要经营水稻、经济作物，兼有果业、养殖业等。全村年总产值82.96万元（2003年统计数），户均产值收入13588元，人均收入3780元。目前尚有无劳动能力五保贫困户1户。

全村现有各类房屋建筑面积9342平方米，其中居住用房建筑总面积7593平方米，户均居住用房建筑面积124平方米。村中道路总长551米，集中排水沟（渠）2条，长400米。村中生活饮用水目前尚无自来水，主要由各户采用传统手压式水井供水。

村民受文化教育状况，全村初、小学入学率达100%，村民中无文盲。

1.2 存在的问题

（1）村庄建设布局散、规模小、建设乱，不仅影响了农村的景观，而且也影响了土地的集约利用和农业的规模经营。现状建筑较为破旧，以一层砖混民居为主，布局较为密集、混乱，通风、采

图1-1 区位图

光、消防等难以保障。

（2）村庄环境"脏、乱、差"问题突出，存在着路面不硬、四旁不绿、路灯不亮、垃圾乱倒、污水乱排、电线乱拉等现象。

（3）村庄内的基础设施和服务设施等配套建设十分滞后，主要反映在村内道路、给水、排水、通信等基础设施配套性、共享性差，教育、文化、卫生、落后（图1-2）。

1.3 整治规划

（1）自然融合的环境构架：结合自然地理环境，因势利导将村庄建设于林木环绕之中，将竹林绿地融入村庄建设之中，达到人、自然、村庄三者之间情景交融、和谐共处的目的（图1-3）。

（2）村庄"一轴一环三广场"的功能结构

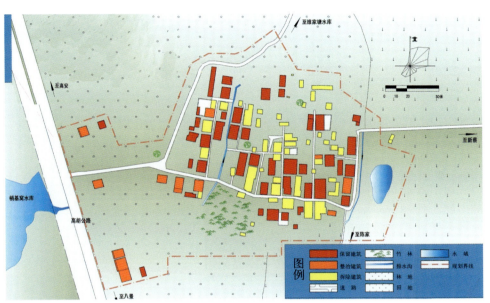

图1-2 建筑位置质量评价图

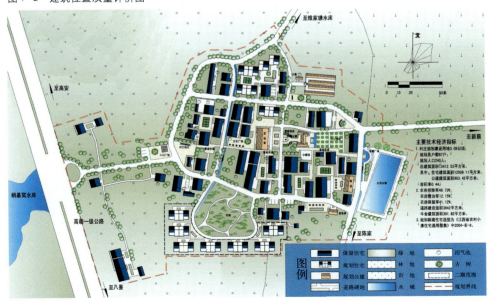

图1-3 用地规划图

规划根据村庄现状建筑实际，对现有用房按保留、整治、拆除等三种方式分类处理，对不满足通风、采光、消防等规范要求的用房进行合理重组，形成"一轴一环三广场"的功能结构。

"一轴"——横贯村庄中部的景观步道主轴，通过景观步道将全村各小组团联系在一起。

"一环"——构成村庄交通的环村公路。

"三场地"——分布于村庄内部，由景观步道串联的的三个活动场地：村庄入口场地、文化活动场地、水塘休憩场地。

（3）村庄"人车分行"的流线格局：环村公路为村庄对外联系的重要车流通道，沿线布置停车场地；人流则通过景观步道到达各居住组团，共同构成村庄"人车分行"、互不干扰的流线框架。

（4）村庄外环境风貌整治主要包括村庄对外联系道路的改造和维家塘水库旅游休闲中心的开发，村级经济发展用地和生产设施用地结合实际统筹考虑。由于新建农房均设屋顶晒谷平台，故规划只安排一处小晒场，或借用硬场地使用。

（5）绿化设计

根据不同地段的地质地貌、环境特点，利用丰富的乡土树种和特色树种，营造自然和谐的田园风光。

（6）主要技术经济指标

1）村庄规划建设用地3.05公顷；规划总户数67户；规划人口240人；总建筑面积13412.53平方米；其中，住宅建筑面积12509.11平方米；公建建筑面积903.42平方米；容积率0.44。

2）农房拆除率46.73%；农房整治率12.15%；农房保留率41.12%；道路建设面积3642平方米；牛舍建筑面积391.82平方米。上保蔡家村规划建设用地平衡表见表1-1。

3）规划新建住宅选型为《江西省农村小康住宅通用图集》中2004-农-6（图1-4，图1-5）。

上保蔡家村规划建设用地平衡表　　　　　　表1-1

序号	分类代码	用地名称	现状2005年			规划2020年		
			面积(公顷)	比例(%)	人均(平方米/人)	面积(公顷)	比例(%)	人均(平方米/人)
1	R	居住建筑用地	2.32	80.56	105.45	2.01	65.90	83.75
2	C	公共建筑用地	—	—	—	0.21	6.89	8.75
3	S	道路广场用地	0.31	10.76	14.09	0.50	16.39	20.83
4	G	公共绿地	0.25	8.68	11.36	0.33	10.82	13.75
		村庄建设用地	2.88	100	130.90	3.05	100	127.08
		水域和其他用地	2.13			1.96		
		村庄控制总用地	5.01			5.01		

注：现状2005年村庄人口220人，规划至2015年人口240人。

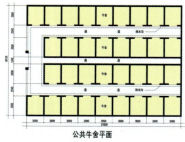

村活动室平面

牛舍断面示意

公共牛舍平面

图1-4　单体建筑设计图

图1-5 鸟瞰图

1.4 整治行动计划

(1)蔡家村建设整治项目

蔡家村建设整治项目，见表1-2

蔡家村建设整治项目　　　　　　　　表1-2

建设项目		工　程　量	
		整治现状	规划待建
一、公益性设施			
"三水一路"	排水设施	排水沟长400米 引水沟长1770米	φ300暗管649米长，φ400暗管256米长，φ500暗管40米长
	水塘	5900平方米	2700平方米
	水井或供水设施	20个水井	给水净化站（规模100吨/天） 水塔（规模30吨/天）
	村内道路	宽3、3.5、4.5米道路长551米 宽2米道路长350米 宽1.5米道路长430米	5米宽道路长635米 3米宽道路长462米
"三室一场"	托儿所		600平方米
	医务室		50平方米
	文体活动室		229平方米
	文化宣传栏		长10米
	公共场所硬地铺装		2606平方米
二、准公益性设施			
"三电一广"	电力		新建配电房（主变容量630千伏安）
	电话	20门	76门
	电信		设一个交接箱
	有线广播电视	34户	67户
"三保二化"	保护生态建沼气池		67只
	保护环境建公厕		2座
	保持清洁建公共畜舍		公共牛栏34舍，面积392平方米
	村庄进行绿化	2500平方米	公共绿地面积3300平方米
	村庄垃圾堆肥池	2个	
三、生活性设施			
	危旧房拆除		2948.81平方米
	保留建筑整修		墙面粉刷16839平方米
	新建住房		建筑面积3921平方米
四、生产性设施			
	集中晒谷场建设		96平方米
	集中打谷场建设		

(2) 政府引导性支持策略

八景镇上保蔡家村新农村建设优惠办法：

1) 在蔡家村规划范围内，按规划要求动工新建的农民住宅房竣工后，经市有关部门验收合格，由乡镇政府根据本地财力情况，适当按一定比例给予建房户补助。

2) 在蔡家村规划区内，动工兴建住宅房的农户，可按造价的一定比例，凭镇政府新农村建设领导小组办公室的证明，到农村信用社申请贷款扶持。

3) 在蔡家村规划区内，动工兴建住宅房的农户，其占用非耕地建房的，免收一切税费，占用耕地建房的，其耕地开垦费按规定标准的50%收取。

4) 蔡家村规划区内住宅房的规划设计和施工图纸，由镇建设股无偿提供。

5) 蔡家村农户按规划要求建房需用自产竹材、木材、石料的，依照规定程序报批，免收规费。

6) 蔡家村规划区内，兴建的住宅房办房产证只收工本费，免收登记费，测绘费免交。

7) 在蔡家村规划区内兴建的住宅房，其供电设施、广电设施、电信设施均由供电、广电、电信部门统一总线到点，安装到户，分户安装其入户材料费按现行价格收取，免收安装费，初装费按规定标准的50%收取。

8) 蔡家村规划区内，按规划要求建公共厕所的，经验收合格后，由政府每平方米补助100元。

9) 蔡家村规划区内结合改厕兴建沼气池的，经验收合格后，由政府财政每个补助1000元。

10) 蔡家村农户打压水井改水的，政府财政每个补助150元；按规划要求建蓄水池引用山泉水改水的，政府财政每户补助150元。

11) 蔡家村按规划要求建设公用垃圾池，每个政府财政补助200元。

12) 蔡家村农户按规划要求打底粉刷外墙，按期完工的县财政每平方米补助2元。

13) 蔡家村规划区内的通村道路按标准3.5米宽的，每公里补助2万元，通组道路按宽度3米、厚度12公分以上、混凝土路面标准修建的，每公里补助1万元。

14) 兴办农产品加工龙头企业的，其生产经营所需水、电、路等基础设施优先安排，免收基础设施配套费。

15) 为鼓励农民积极参加实用农业技术或务工职工技能培训，提高农民科技致富、市场竞争、自主发展能力，凡农民积极主动参加县级以上农民技术等学校培训的，通过学习考试并获得县级或市级以上专业技术合格证或毕业证的，由乡镇财政分别给予100～300元的奖励。

16) 为鼓励和引导农民自发组建农村合作经济组织，大力发展农村经济，搞活产品流通，增加农民收入，凡新组建产前、产中、产后服务的各种产业协会，制定了章程，开展了活动，并有20人以上的协会组织，经核实后，由乡镇财政按协会规模大小给予适当的活动经费补助；乡镇政府根据财力情况，给予一定的配套资金补助。

高安市财政应安排专项资金用于扶持新农村建设。同时，通过统筹安排全市扶贫开发、移民安置及农业、畜牧、林业等专项资金，以及对沼气池、自来水厂、通讯等建设实行补助、财政贴息等方式，以支持新农村建设。

各级单位和社会各界应积极提供资金和实物支持，如：

1) 积极向省、市、镇及社会各界争取扶持资金和物资，促进蔡家村的建

蔡家村整治规划主要用地控制指标　　　　表1-3

项目名称	计量单位	数量
村庄总建设用地	平方米/人	120~150
居住建筑用地	占总用地的比例（%）	60~75
公共建筑用地	占总用地的比例（%）	2~7
道路广场用地	占总用地的比例（%）	8~18
绿化用地	占总用地的比例（%）	6~12
其他用地	占总用地的比例（%）	5~10
户均住房占地面积	平方米	180

设整治。如利用八景本地建材原料丰富，建材相对低价的优势条件，积极向驻地企业争取水泥、瓷砖等建材支持。向省、市对口的交通、卫生、民政等争取资金等。

2）蔡家村规划编制免收规划设计费和工本费，其费用由政府财政负担；由乡（镇）规划建设管理所和市建设局负责技术指导；广告效果图由乡镇负责制作。

3）对市财政专项资金，部门捆绑扶持资金，乡镇、省、市单位扶持资金及社会捐资的使用情况，由市财政局、审计局进行全程审计，对挪用专项资金的人和事，将依据有关法律法规严肃处理。

（3）整治实施的基本效果与质量要求

依据蔡家村目前的自然条件及村民的收入水平，确定蔡家村建设整治应达到人畜分居，空气清新，沟通路平，水电到位，沼气燃料，闭路到家，绿地草坪，环保清新，文化活动常有常新，休闲娱乐，益脑健身，公共设施普遍翻新，长效管理，机制创新。做到"五有四化"，即每户农家有一个整洁明亮的厨房，有一个沼气式或水冲式厕所，有一个经济产业园，有一个沼气池，有一个环境较好的花园和一套宽敞舒适、人畜分离的小康农居。"四化"，即道路硬化、庭院净化、街道亮化和村庄绿化。蔡家村整治规划主要用地控制指标见表1-3。其他相关规划及公共设施建设控制指标见表1-4。

村庄建筑风格应整体协调统一，住宅应以坡屋顶为主，采用传统建筑符号：马头墙、万福窗等。建筑色彩应以灰白色系为主调。建筑结构应以砖混为主，采用当地优势的建筑材料，因地制宜，塑造有地方特色的本土建筑。

（4）行动与项目序列建议

蔡家村建设整治项目实施序列图见图1-6。

其他相关规划及公共设施建设控制指标
表1-4

项目名称	计量单位	数量
停车位	个	67
绿地率	%	≥35
建筑密度	%	≤30
容积率	—	≤0.6
村委会	平方米	≥20
托儿所	平方米	≥600
文化活动室	平方米	≥150
医务所	平方米	≥50
运动场地	平方米	≥600
文化宣传栏	米（长度）	≥10
商业网点	平方米	≥100

注：打谷场、晒谷场、公共畜禽圈舍等生产设施用地均不在村内建设用地中安排。

（5）日常维护经费的测算

日常维护经费的测算见表1-5。

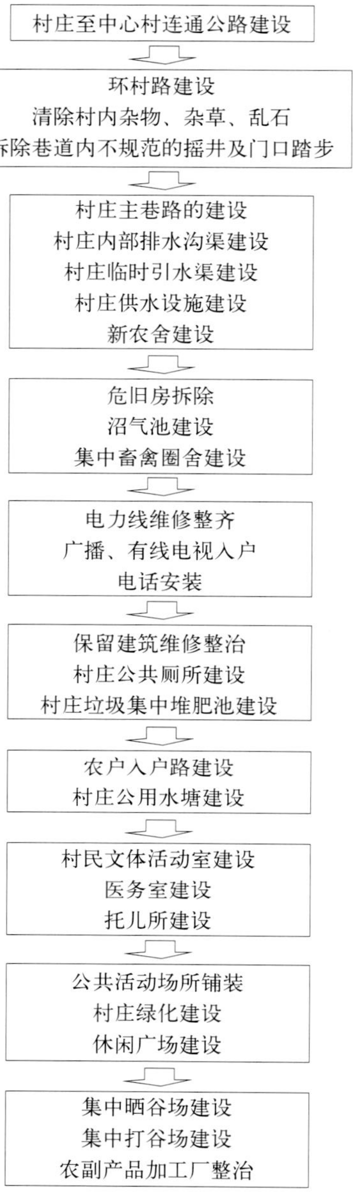

```
村庄至中心村连通公路建设
          ↓
环村路建设
清除村内杂物、杂草、乱石
拆除巷道内不规范的摇井及门口踏步
          ↓
村庄主巷路的建设
村庄内部排水沟渠建设
村庄临时引水渠建设
村庄供水设施建设
新农舍建设
          ↓
危旧房拆除
沼气池建设
集中畜禽圈舍建设
          ↓
电力线维修整齐
广播、有线电视入户
电话安装
          ↓
保留建筑维修整治
村庄公共厕所建设
村庄垃圾集中堆肥池建设
          ↓
农户入户路建设
村庄公用水塘建设
          ↓
村民文体活动室建设
医务室建设
托儿所建设
          ↓
公共活动场所铺装
村庄绿化建设
休闲广场建设
          ↓
集中晒谷场建设
集中打谷场建设
农副产品加工厂整治
```

图1-6 蔡家村建设整治项目实施序列图

日常维护经费的测算　　表1-5

项目	责任人	月工资(元/人)	材料购置	职责范围
绿化养护	园林工	300	0.5元/平方米，共15000平方米，7500元	绿地
环境保洁 路面维护	清洁工	300		公共畜禽圈舍、公共厕所、路面
水塘清漂	公共水塘承包人	每月补贴工时费30元		清理漂浮物
文体活动室管理	管理员	300		设施维护、保洁

项目完成单位：江西省城乡规划设计研究院

项目参加人员：朱观海、徐志力、崔莉、鄢安军、熊艳琴、罗建云

2 四川省成都市双流县永安镇白果村整治规划

编者按：四川农村聚居点非常分散，地貌丰富多样。白果村的规划中，首先进行了村域的村庄布点规划，然后进行全村的整治规划。在规划中按照"农户调查→制定目标→具体方案→投资预算→资金保证"的思路进行整治规划，对起步区各户进行入户调查，现场制定整改方案，并进行工程量的预算，对于具体实施建设做出了详实的行动计划。该规划前期调研翔实，工作步骤明确，是村庄整治规划的较好范例。

2.1 现状概况

白果村位于双流永安镇镇域中南部（图2-1），白果村幅员面积3.59平方公里，全村共辖8个村民小组，共1020户，3762人；总耕地面积2861亩，劳动力人均耕地1.16亩。白果村是成都市的蔬菜供应基地之一，2004年，全村实现总值2269.08万元，农民人均纯收入4434元，人均可支配收入3200元。

（1）建筑质量现状

目前全村的1020户村民中，楼平房631户，占总数的61.86%，多建于20世纪90年代；瓦房共337户，占总数的33.04%，多建于20世纪80年代；土坯房共52户，占总数的5.10%，多建于20世纪70年代。

（2）基础设施现状——部分配套

1）道路现状

全村有过境公路两条，分别为双(流)—黄(龙溪)路，红线宽度16米，混凝土路面；华(阳)—黄(龙溪)路，红线宽度12米，沥青路面，大致呈东西向贯穿村境。村道有普永路、新村路、白果路、榕树路等，红线宽度4～6米，总长3.6公里；此外全村还有社道若干条，总长约5公里。村、社道以泥结碎石路面为主，路况较差。

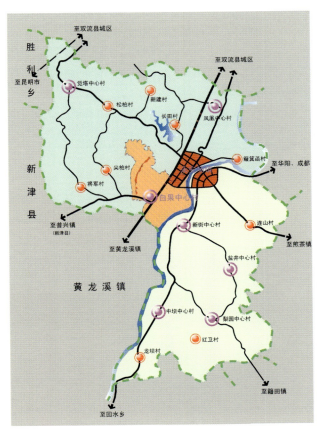

图2-1 区位图

2）电力现状

白果村内建有永安镇35千伏变电站，由变电站输出10千伏电压线路供全村生产、生活用电，农网改造已于2002年完成。

3）给、排水现状

目前全村无集中供水设施，各农户均自行打井取水，水质尚可。

农户旱厕居多，人畜粪便部分由沼气池处理，目前全村共有沼气池395口（主要在20世纪80年代建成并使用）。污水以直排为主，污染较普遍。

4）通信、有线电视

全村有固定电话436部，手机788部，有线电视入户率已达90%以上。

（3）公共服务设施现状

目前，全村只有村委会一处、阅览室一处(村委会)、幼儿园两所、医疗点1处，商店8处，小学和市场利用永安镇区设施。但是全村无一所公厕，无垃圾集中堆放点，基本上为露天堆放，且无人清运管理（图2-2）。

2.2 存在问题

村庄建设存在问题见表2-1。

村庄建设存在问题表　　　　　　表2-1

问题分类		内　容　细　分
散		(1) 农宅空间分布散； (2) 人均宅基地面积大，利用率低，土地资源浪费
缺	公共设施	(1) 无农民集中活动场，无集中绿地和安全管理机制； (2) 路面的硬化及宅间空地的美化与净化
	基础设施 道路	(1) 道路系统不完善，且无路灯； (2) 路基不规则，同一条道路的路面宽度不统一； (3) 道路横断面混乱，同一条道路上的排水沟不连续，绿化系统不连续； (4) 路面质量差，以碎石路面和泥结石路面为主
	基础设施 管线	(1) 给水现状：白果村尚未设置集中供水设施，村民生活生产用水均取用地下水源，每户村民均设有取水水井，井深6~8米，经过水泵提升至户内供人畜饮用； (2) 雨水现状：村庄内现状雨水采用民房周围排水沟散乱汇集排入至农田的周边农灌渠内； (3) 污水现状：村民生活污水以及畜禽粪便经沼气池处理后用于农灌； (4) 供电现状：村内低压配电线路导线截面普遍偏小，三相供电线路辐射太窄、供电质量较低； (5) 电信现状：村内电信安装率较低，电信线路架设较为混乱，电信分支器老化
	环卫	无垃圾收集点及垃圾箱，农户生活垃圾无收集存放，塑料垃圾乱甩，生活垃圾挖坑堆肥，污染严重
脏		(1) 禽畜养殖不卫生，大养殖户位置不当，影响下游水体和公共卫生； (2) 农房部分未人畜分离，厕所大多为旱厕，卫生条件差；新房水厕，但污水未经任何处理就排放或农用； (3) 家禽在街道及院落随地大小便，公共环境卫生较差
空		(1) 村内院落空地多，农房间闲置地多，宅间杂草丛生； (2) 田园无人管理地段多，景观遭破坏

图2-2　现状图

2.3 整治规划

（1）整治思路

整治思路见图 2-3。

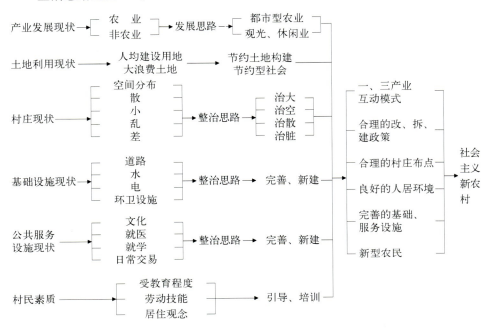

图 2-3 整治思路图

（2）整治规划

考虑城乡统筹发展，基础设施综合配套，生产力布局和产业化需要和村庄分布现状，以节约用地，适当集中的原则，综合考虑，将全村86个村民点逐步集中为5个农村聚居点，共计669户（含拆迁户数）；同时对现状不能拆建的村民点规划予以保留，但执行严格的固化政策，不允许其扩大规模，共计54处，351户；规划予以拆建的村庄共32处，共计97户。集中后，如以人均80平方米计算，需用地17.6公顷，加上保留的351户，共计21.87公顷用地，与现状居民用地52.87公顷相减得出，可节约用地13.4公顷，折合201亩土地（图2-4）。村庄分布见表2-2。

图 2-4 镇域规划图

村庄分布表　　表2-2

村庄名称	现状规模		规划规模	
	人口	用地(公顷)	人口	用地(公顷)
尤家山碥	314	4.4	700	5.6
徐家院子	52	0.73	400	3.2
孙家堰	273	3.9	500	4
杜家院子	128	1.8	250	2
白果树	124	1.8	350	2.8
保留村庄54处	1562	19.07		

(3) 村域基础设施规划

1) 共规划五条道路

白果路：双黄路12K+700桩至苏家坡顶，全长960米，宽7.5米，绿化带6米，路面硬化，配套边沟。榕树路：双黄路12K+200桩至白果村8社罗家塘山顶，全长1210米，宽5米，绿化带3米，路面硬化，配套边沟。普永路：普永路至榕树路全长1796米，规划新修一条长680米共计全长2449米，宽7.5米，绿化带3米，路面硬化，配套边沟或双永路沿至普永路，规划新修一条村道，保持现有道路扩宽8~10米，全长2449米，宽7.5米，绿化带3米，土方基层，砂砾石垫层，水泥稳定砰石层，路面硬化，配套边沟。河塘路：双永路至榕树路，公路长605米，宽5米，绿化带3米，路面硬化，配套边沟。人行观光路：从双永路至普永路，沿山体中段规划新建一条长2650米，宽2米，石板人行观光路。

2) 水利沟渠规划

冬水坝排灌沟：从大塘村1组起到白果村8组止，全长910米，宽1.2米，全部重新整治。罗家塘排洪沟：从罗家塘至双黄路14K+283桥，全长1988米，宽3米，红石护坡。永安水库右干渠：从双永路至普永路，全长2650米，重新卵石砌体、部分拱涵。永安水库中沟：长680米，宽1米，U形渠或三面光。其他排灌沟：在原来的基础上取直、切弯，相互连通、U形渠且渠面应生态化处理。

3) 供水工程规划

永安镇自来水厂距白果村仅598m，铺设管道工程造价远远低于村内自设集中供水设施工程造价，且供水可靠性、供水水质更能得到保障。

规划从永安镇引自来水DN100供水管，在村内生活主干道侧布置给水管道，保留村民现有的自设取水水井，以作为生活杂用水和畜禽用水水源。

本规划采用《农村给水设计规范》(CECS82:96) 中用水量的规定。村民用水量取100升/(人·天)，牛饮用水取85升/(头·天)，猪取80升/(头·天)，鸡、鸭取0.8升/(只·天)。

4) 排水工程规划

村民生活废水收纳于沼气池内；生活污水通过DN110PVC塑料排水管统一收集至集中设置的沼气深化池处理后用于农灌，畜禽粪便排入沼气池处理后用于农灌。

宅院内雨水经雨水明沟汇集排入整治后的雨水沟渠。规划整治为采用30厘米厚5号水泥砂浆砌20号片石成梯形明沟。

5) 供电工程规划

改造现状供电网络，三相供电网络覆盖率为100%。

6) 电信工程规划

根据《村镇规划标准》固定电话普及率取28%，移动电话普及率取25%。规划整治区内电信线路均架空布置。

实现光纤到户，规划区网络覆盖达100%，实现全数字化传输。线路考虑与通讯电缆同沟敷设。

(4) 村域社会服务及公共设施规划

1) 村委会及文化活动中心

规划将现状村委会迁建至双黄路北侧孙家院子聚居点，便于同时服务村域南北两翼的村民，同时围绕村委会建设文化活动中心、电教室、小型休闲广场等。

2）幼儿园

保留现状的两所幼儿园，根据聚居点分布，规划在每个聚居点内均设幼儿园，共计5所。

3）市场

由于白果村的红提葡萄品质优良，城市居民经常慕名而来，目前已在双黄路沿线自发形成了水果集市，为规范管理，规划在孙家院聚居点新建一处水果交易市场（图2-5）。

（5）整治规划内容

整治规划内容见表2-3。户型改造见图2-6。

整治规划内容　　　　　　　表2-3

方案分类	内容细分		
散	(1) 农宅空间分布根据《双流县人民政府关于进一步加强农村宅基地管理工作的实施意见》的要求，对现有建筑质量较差的土坯房进行拆除； (2) 3人以下按3人计算，5人以上按5人计算，每人30平方米，搬迁村民按一户一处宅基，解决人均宅基面积大、土地浪费问题，利用现有村道进行相对集中安置		
缺	公共设施	(1) 土石院坝通过水泥、青石板等进行硬化，并结合黄果兰、天竺葵、桂花、黄果树等对庭院进行绿化； (2) 结合民居、水塘、农田设置乡土木屋，形成村居休闲点、休闲活动中心	
	基础设施	道路	(1) 村道：红线宽度为5米，车行道宽度为4米，一侧布置路灯，一侧布置绿化； (2) 社道：红线宽度3.5~4米，车行道宽度3米，在红线宽度4米的道路两侧分别布置路灯或绿化；在红线宽度3.5米的道路一侧设置路灯； (3) 步游道及入户路：红线宽度1.0~1.5米，以步行功能为主； (4) 在车行道路的旁边设计排水沟，采用30厘米厚5号水泥砂浆砌20号片石形成排水明沟，建筑基底标高高于场地标高30厘米以上，排水经院落汇集于道路排水系统； (5) 结合步行交通系统及建筑的收放有序，使绿化渗透到每家每户的宅前屋后
		管线	(1) 给水工程：永安镇自来水厂距白果村仅598米，规划从永安镇铺设DN100供水管线一条，在村内生活主干道侧布置给水管道，保留村民现有的自设取水水井以作为生活杂用水和畜禽用水水源； (2) 雨水工程：规划整治区内地形平坦，雨水应顺应地势就近排放，宅院内雨水经雨水明沟汇集排入整治后的两条雨水沟渠。规划区内现有两条雨水明沟，现状为土沟，沟底宽0.5米，规划整治为采用30厘米厚5号水泥砂浆砌20号片石成梯形明沟； (3) 污水工程：村民生活废水收纳于沼气池内；生活污水通过D110PVC塑料排水管统一收集至集中设置的沼气净化池处理后用于农灌，畜禽粪便排入沼气池处理后用于农灌； (4) 电力工程：改造现状供电网络，三相供电网络覆盖率为100%； (5) 电信工程：规范村内电信线路走向，完善数字通信、光纤网络
脏	(1) 设公厕一处面积30平方米； (2) 垃圾收集点设置4处，厕所均改建为水厕，并通过化粪池进行处理； (3) 通过建筑内部功能的调整做到人畜分离； (4) 养殖大户进行拆迁，设集中禽畜舍圈		
空	(1) 通过整合院落空间，在宅间种植乡土植物或果树进行绿化； (2) 设村庄社区管理委员会，加强对村庄的管理		

图2-5　整治规划图

户型A功能空间分析：现状功能空间浪费，卫生情况差，庭院经济不合理
改造之后，卫生情况得到改善，功能得到合理的利用，庭院绿化更经济

改造前的功能空间分析图

改造后的功能空间分析图

户型B功能空间分析：现状大大浪费现有空间，没厕所，附属空间不够
改造之后增加了庭院绿化，增加了部分附属房，空间利用比较充分

改造前的功能空间分析图

改造后的功能空间分析图

图 2-6　户型改造

> ● 在功能空间的处理上，把原来的附属房多余的空间改成了绿化，并缩小了交通休闲空间，大大增加了绿化空间。
> ● 附属房虽然变小了，但增加了原来没有的厕所，并合理的设计和安排了原来不够好的羊房和鸡房。
> ● 在交通休闲空间里面，把原来的砖铺地变成了现在的水泥地。
> ● 在很经济的情况下，把浪费的空间合理的利用化，把不合理的空间合理化。
> 　根据村民的意见，结合社会主义新农村改造的要求，增加了小部分附属房的空间，缩小了交通休闲空间，增加了绿化空间。

2.4　整治行动计划

（1）整治规划的步骤

1）全村村庄整治在空间上共分为两个版块，即起步区、辐射带动区。起步区位于尤家山碥，共计49户，250人，通过对该聚居点的整治，以点带面，探索方法与路径，从而全面带动全村的村庄整治。

2）全村村庄整治在时间上共分三个时期，即：起步试点期、全面推进期和建设完善期。

（2）起步整治项目

起步整治项目见表2-4。

（3）起步整治政府引导性实物支持目录

政府引导性支持项目见表2-5。

村民投工投劳2000余工日，主要用于道路、村庄广场、环卫设施建设及池塘沟渠整治。

(4)整治项目工程量统计表

道路工程、场地平整工程量统计见表2-6，管线工程量统计见表2-7，环卫设施工程量统计见表2-8，建筑风貌整治工程量统计见表2-9，新建民居工程量统计见表2-10。

起步整治项目　　表2-4

项目名称	建设规模	投资估算(万元)	完成时间(天)
基础设施工程	1.7公里及广场停车场	118.82	45
环卫设施工程	公厕一所及35户室内厕所	12.32	45
建筑风貌整治工程	35户农房	30.16	45
新建民居	13户	81	45

政府引导性支持项目表　　表2-5

实物名称	单位	数量	价值(万元)	用途
红砖	匹	17万	3.0	农户沼气池及公共厕所建设
水泥	吨	530	13.25	村内道路、村庄广场及环卫设施
钢材	吨	5.46	2.18	村内道路、村庄广场及环卫设施

道路工程、场地平整工程量统计表　　表2-6

序号	建设项目		规格		材料	工程量(立方米)	备注
			宽度(米)	长度(米)			
1	村道(Ⅰ)	路面	4.0	790.91	沥青混凝土	47.46	现状村道——新村路经过整治区的一段
		路基	5.0	790.91	泥结碎石	316.37	
					碎石	593.19	
		边沟	0.4	790.91	浆砌卵石	126.55	
2	村道(Ⅱ)	路面	4.0	622.29	沥青混凝土	37.34	现状整治区与对外交通双黄路衔接的通道——白果路
		路基	5.0	622.29	泥结碎石	248.92	
					碎石	466.72	
		边沟	0.4	622.29	浆砌卵石	99.57	
3	社道(Ⅰ)	路面	3.0	167.19	沥青混凝土	7.53	从村道延续到各组团的主要道路
		路基	3.5	167.19	泥结碎石	46.82	
					碎石	87.78	
		边沟	0.4	167.19	浆砌卵石	26.76	
4	社道(Ⅱ)	路面	3.0	198.79	沥青混凝土	8.95	从村道延续到各组团的主要道路
		路基	4.0	198.79	泥结碎石	63.62	
					碎石	119.28	
		边沟	0.4	198.79	浆砌卵石	31.81	
5	步游道	路面	1.5	430.91	青石板面	9.70	乡村步行观光游览休闲道路
		路基	1.5	430.91	泥结碎石	148.67	
6	入宅路	路面	1.0	126.25	青石板面	1.90	进入每家院落的道路
		路基	1.0	126.25	泥结碎石	29.04	
7	停车场	—	—	—	水泥混泥土	挖方 43.5	包括回车场的场地平整
						填方 40.6	
8	场地平整	—	—	—	—	挖方 658.0	包括院落和建筑的场地平整
						填方 690.0	
9	道路挖填方	—	—	—	—	挖方 3577	包括道路和管线埋深的挖填方量
						填方 2712	

管线工程量统计表　　表2-7

建设项目	序号	分项项目	规格	材料	工程量	备注
给水工程	1	给水管道	DN100	PP-R管	577米	
	2		DN50	PP-R管	300米	
	3	室外双口消防栓	DN100		4个	
排水工程	4	干砌片石对称梯形明沟	沟底:0.5米、沟深:0.6米、坡比:1:1	25厘米厚20号片石干砌	584米	
	5	矩形庭院雨水明沟	沟底:0.3米、沟深:0.3米	水泥砂浆	200米	
	6	新建沼气池	8立方米	玻璃钢	14个	
	7	整治沼气池	8立方米	玻璃钢	24个	
	8	沼气净化池	8立方米		6个	
	9	沼气净化池	5立方米		1个	
	10	旧杆移位	—	—	32处	
	11	变压器	315千伏安	国产25号油浸式变压器	1台	
	12	电力线	4×75	LGJ	300米	
	13		4×50	LGJ	330米	
	14		4×35	LGJ	130米	
	15	入户电力电缆	3×6	YJV22	225米	
	16	电表入户箱			7个	
	17	照明路灯(4.5m高)	40瓦	白炽节能灯	15组	沿村道布置
	18	庭院路灯	25瓦	白炽节能灯	11组	沿社道组团布置
电信工程	19	电信分支器	—		9个	
	20	电信线缆			850米	

环卫设施工程量统计表　表2-8

建设项目	工 程 量
公厕	30平方米
垃圾集中堆放点	4个
垃圾箱	25个

建筑风貌整治工程量统计表　表2-9

改建民居户数：35户

	建设项目	工程量	材料
室外环境	入户路	327.9米	青石板
	室外绿化	42平方米	瓜果、蔬菜
	木栅	54米	木条
	树池	316平方米	片石
	院坝硬化	629平方米	水泥
	绿化	140平方米	木料
	瓜棚	194.9平方米	木料
室内环境	庭院硬化	976平方米	青石板
	庭院绿化	728.1平方米	瓜果、蔬菜
	拆除功能房	54.3平方米	—
	加砖墙	78平方米	红砖
	拆除围墙	42.3米	—
	改建沼气池	121立方米	—
	新建沼气池	144立方米	—
	厕所	改造35户	—
建筑风貌	改窗	135扇	铝合金
	改门	68道	铝合金
	加建筑符号	35户	—
	抹灰	34户	—
	加真坡	2户	—
	加假坡	25户	—

新建民居工程量统计表　表2-10

新建民居户数：13户

建设项目		规 格	工程量
建筑面积	120平方米	砖混	5栋
	150平方米	砖混	8栋

注：起步区49户村农户中有14户需拆除，但有5户有两处宅基地，根据《双流县人民政府关于进一步加强农村宅基地管理工作的实施意见》，因此实际只需安置9户。

项目完成单位：四川省村镇规划建筑设计院

项目参加人员：王强、兰祥文、韦凌、田静、赖志国、杨林、曾涛、刘辉
　　　　　　　罗斌、李刚、李胜

3 浙江省绍兴县杨汛桥镇麒麟村整治规划

编者按：2003年7月，浙江省提出"千村示范、万村整治"工程，提出实现"小康住宅"、"小康设施"、"小康环境"的要求。绍兴县杨汛桥镇麒麟村由于人多地少，乱搭乱建现象严重。在该村整治规划中，重点对村民迫切需要清理整治的居住环境方面进行规划，通过改水、改路、改房、改厕、改厨等整治工程，顺应农民意愿，解决农村实际问题，从整治规划着手，制定行动计划方案，以政府机构、村民自治组织为保障，实施中进行村民监督及考核验收，整治后的村庄设施配套完备、环境整洁优美，是整治规划及具体实施的较好范例。

3.1 现状概况

麒麟村位于浙江省绍兴县杨汛桥镇的镇域中部，由唐家桥村和调山村合并而成，村域总面积1.13平方公里（图3-1）。麒麟村企业以私营为主，主要有浙江荣盛纺织有限公司、绍兴县华龙纺织厂、绍兴羊毛衫总厂等，主要生产纺纱、纺织类织品，去年年产值均在800万元以上。2004年，全村人均纯收入达到9500多元。至2003年底，麒麟村总人口1519人，411户。

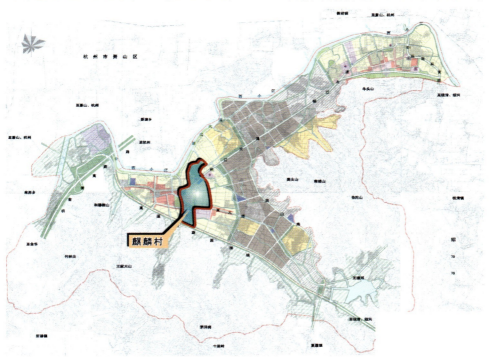

图3-1 区位图

3.1.1 住宅建筑

麒麟村的现状住宅建筑多为村民自建房,建造时间参差不齐,建筑立面形式各异,外墙有涂料、有面砖;屋顶有坡屋面、平屋顶;建筑结构有砖混结构的,有木结构的。

整体布局较为整齐,朝向也较为一致,但前后间距较小,尤其在老区,建筑密度高,严重影响住宅的日照及车辆通行。

为对现状建筑进行评价,建筑质量分为三个档次:

一类建筑——指原有建筑质量较好,不影响规划,拟保留的建筑。

二类建筑——指原有建筑有一定的保留价值,但建筑质量稍差,平面使用不适宜,可进行改造翻新的建筑。

三类建筑——指建筑质量差,需拆除的建筑。

经调查分析,一类建筑134户,占总户数的32.6%;二类建筑249户,占总户数的60.6%;三类建筑28户,占总户数的6.8%(图3-2)。

3.1.2 公共服务设施及配套基础设施

杨汛桥江桥片的江桥中学、敬老院、象纬小学、杨汛桥镇人民医院江桥分院和浙江电信公司绍兴分公司(江桥点)等镇级公建,均位于麒麟村,为村民购物、就医、出行提供了便利。

村公建配套设施尚需进一步完善。村级现状主要公共服务设施还有村委、幼儿园等。村委位于唐家桥区块中心,周边为低矮建筑,场地狭小。幼儿园位于村民住宅内,建筑时间较早,且无活动场地,需重新规划建设。至2004年初,村内尚无活动中心。

村内公厕配置较为齐全,但较简易,现共有公厕10处,能满足村民日常使用要求。

村庄道路清洁度一般,已建有两处公共休闲绿地。村内设有垃圾收集箱若干个,垃圾集中收集后运至镇垃圾中转站。

给水:给水均由江桥水厂供给。

排水:工业废水已接入县外排。雨水大都自然排放至河内,雨量大时不能及时排出,路面时有积水现象影响村民交通。生活污水没有统一处理设施,呈无序排放状态。

供配电:村内设有配电房3个,变压器总容量为370千伏安。

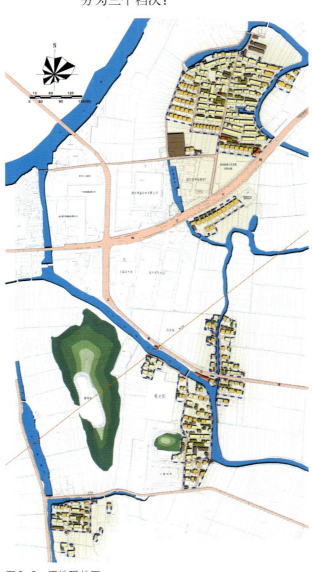

图3-2 用地现状图

3.1.3 交通状况

对外交通主要是杨江公路和江夏公路，村民去江桥、杨汛桥、柯桥及绍兴市区均有便利的公交车线路。村内主要道路已经基本形成，路面也已硬化，村内建有一处公共停车场，但较缺少生活性支路，老区内路面较窄，只能适应单行通车，村内整体路网尚未形成体系。

3.2 存在问题

（1）杨江公路、江夏公路、杭金衢高速公路连接线横穿村域，将村庄用地分割成三大块，造成村庄用地分布零散，村民联系及管理不便，交通噪声及安全环境也对村民带来很大的不利；居住用地和工业用地相互交错，工业废气及噪声给村民生活带来了一定的干扰。

（2）雨水和生活污水直接排入河道，污染了水体；各种管线林立道路两侧，杆线零乱。

（3）老区内住宅密度高，临时建筑乱搭、乱建现象严重，影响道路交通安全和住宅室内采光通风。

（4）生活性支路欠缺，道路狭窄，只能单向行驶。

（5）村庄建设缺乏科学合理的规划和引导，基本上还停留在自发的小农经济的意识上。部分配套服务设施还需进一步完善。

（6）村庄管理缺乏相应的制度和长效管理机制。

3.3 整治规划

3.3.1 规划布局

本次整治建设规划将对居住片一和片三进行重点的综合整治改造，近期控制片二、片四、片五用地的发展（图3-2）。

居住片一即唐家桥区块，是麒麟村的老村。建议要求拆除违章建筑，消除乱搭乱建，理顺内部道路。住宅周围全面绿化，片内再增加部分公共绿地和停车场地，增设排水设施，逐步改造室内卫生设施；主要道路两侧的住宅，应进行立面粉刷或清洁墙面，村民有要求粉刷或清洁墙面、更新立面的，应积极支持；拆除现状村委南面部分房屋，新建村活动中心，内设有棋牌室、电视机房等。同时对周围环境应加以美化，村委易地新建；在入口处增设村标、建筑小

图3-3 用地规划图

综合经济技术指标 表3-1

项目		计量单位	现状			规划		
			数值	比例(%)	人均面积(平方米)	数值	比例(%)	人均面积(平方米)
居住区用地		公顷	12.64	100	83.21	13.44	100	86.71
其中	住宅用地	公顷	11.35	89.80	74.72	11.24	83.63	72.51
	公建用地	公顷	0.14	1.11	0.92	0.45	3.35	2.90
	道路用地	公顷	0.85	6.72	5.60	1.03	7.66	6.65
	公共绿地	公顷	0.10	0.79	0.65	0.72	5.36	4.65
	杂地	公顷	0.20	1.58	1.32	—	—	—
居住户数		户	411	—	—	443	—	—
居住人数		人	1519	—	—	1550	—	—
户均人口		人/户	3.70	—	—	3.50	—	—
绿地率		%	0.80	—	—	35	—	—

品,沿河应植树绿化、砌坎筑岸,保持河面清洁,使整体环境达到优美宜人。

居住片二为控制片,其内的住宅均为新建的3层建筑,近期内可保持现有规模。

居住片三即调山区块,住宅质量较好,但布局较零乱,道路狭窄,用地浪费现象较多。通过合理的规划,集中建设,拓宽原有道路,理顺宅间道;新建少量住宅,并在住宅周围搞好绿化,增设公共绿地、停车场及排水设施;鼓励村民对自家住宅进行立面粉刷或清洁墙面,对村入口、主干路段、沿河搞好环境整治。

居住片四和片五定为控制片,严格保持现有规模,拆除三类建筑及违章搭建,消除乱搭乱建,理顺宅间道,保持路面清洁,适当新建公共绿地,增设排水设施,保持环境清洁及美观。

3.3.2 指标确定

麒麟村现状人口为1519人,规划期末人口为1550人。可建设用地为13.44公顷,人均建设用地为86.71平方米。

至规划期末,村庄规划区内总户数为443户。其中规划新建建筑71户,保留原有建筑372户(其中一类131户,二类241户),拟拆除一类住宅3户,二类住宅8户。保留户数与规划新建户数(含改建)所占总户数比例分别为84.0%、16.0%。

具体综合经济技术指标,见表3-1。

3.3.3 公共设施布局规划

麒麟村公建服务设施基础条件较好,部分设施的服务对象已超出村级范围,在用地计算不列入指标,像江桥中学、象纬小学、小商品市场、电信公司、汽车站、杨汛桥镇人民医院江桥分院和敬老院等均已建成,可属镇级的公建。部分公建设施配置一览表,见表3-2。

表3-2

名称	数量	占地面积(平方米)
村委、幼儿园	1	3287
文化中心	1	600
公共厕所	12	313
配电房	3	125

3.3.4 道路与竖向规划

村内的主次干路呈纵横向布置,主干路分别连接杨江公路和江夏公路。

村道路分三级:村级干路宽度为5~8米,村级支路宽度为4~5米,宅间路宽度为3米。

各居住片内均设置适量的室外临时停车位。

对于新建干路5米以上干路原则上可设双向坡,路拱横坡为1.5%,5米以下设单向坡,南北向的路原则上往东面坡,东西向道路往南面坡,硬地面坡度可取0.5%~1%。室外地面标高一般宜控制在黄海标高5.20米以上。底层室内标高按高于室外标高15厘米以上。考虑室外道路排水和绿化效果整洁美观，室外主干路两侧设置侧石，侧石高出路面15厘米，绿地高出侧石顶标高5厘米，绿地坡度取1%～5%之间。

3.3.5 绿化与景观规划

公共绿地以方便村民就近得到使用，各片共分布12处。设置简单的游憩设施，在适当位置设健身器材，布置儿童滑梯、攀爬架、砂坑等，为村民及儿童提供停留、健身、休憩场地。

3.3.6 工程量及投资估算

本村庄整治工程总造价为652.5万元，具体见表3-3。

其中唐家桥区块为一期启动区块（至2006年完成），村庄建设面积7.25公顷，涉及227户，845人。一期工程总造价为305.2万元，具体见表3-4：

3.4 村庄整治实施计划

3.4.1 村庄整治实施项目

（1）建筑立面改造与围墙整治

由村委出面通过招投标形式统一购买建筑立面改造涂料，改造的式样和色彩根据规划要求，对外墙采用面砖贴面

整治工程项目总表　　　　　　　　　　　　　　　　　　　表3-3

项　目		数　量	单　价	造价（万元）
建筑立面改造		90000平方米	18元/平方米	162.0
新建村活动中心		600平方米（建筑面积）	800元/平方米	48.0
新建村委、幼儿园		2000平方米（建筑面积）	500元/平方米	100.0
新建公厕		1个		4.0
房屋拆迁		3300平方米	200元/平方米	66.0
围墙	拆除	600米	100元/米	6.0
	改造	450米	200元/米	9.0
绿化（含小品）		3500平方米	100元/平方米	35.0
砌坎		380米	250元/米	9.5
排水沟		4000米	100元/米	40.0
架空线整治				28.0
管线(弱电)入地				45.0
道路建设	新建	8000平方米	100元/平方米	80.0
	路面整修	8000平方米	25元/平方米	20.0
合　计				652.5

唐家桥区（一期启动区块）整治工程项目表　　　　　　　　表3-4

项　目		数　量	单　价	造价（万元）
建筑立面改造		50000平方米	18元/平方米	90.0
新建村活动中心		600平方米（建筑面积）	800元/平方米	48.0
新建公厕		1个		4.0
房屋拆迁		2000平方米	200元/平方米	40.0
围墙	拆除	320米	100元/米	3.2
	新建（改造）	250米	200元/米	5.0
绿化（含小品）		2000平方米	100元/平方米	20.0
砌坎		400米	250元/米	10.0
排水沟		2000米	100元/米	20.0
架空线整治				15.0
管线(弱电)入地				25.0
道路建设	新建	1500平方米	100元/平方米	15.0
	路面整修	4000平方米	25元/平方米	10.0
合　计				305.2

的建筑对其立面进行清洗，对外墙采用粉刷的建筑对其立面进行白墙勾灰线式样粉刷改造，由村委班子成员对实施情况进行监督指导；围墙整治主要包括改建和新建，对原有封闭式围墙的改造，一般采用通透式围墙改造或者利用花坛、绿带等来分割空间，对于新建围墙均采用通透式围墙，围墙采用的颜色基本与建筑立面改造相协调，采用白、青灰等江南传统建筑色彩（图3-4）。

（2）房屋拆除与拆旧建新

根据村庄整治建设规划的要求，主要对道路规划有影响的农户主房、附房、围墙等进行拆除，对于涉及道路改造需要拆迁的房屋，根据规划要求由农户自行异地新建，并对拆迁房屋价格进行评估的基础上与村民协商进行补偿。对影响环境的旧房和乱搭乱建的附房进行整治和拆除，由村委组织当地施工人员统一拆除，并给予适当补偿。

（3）河道整治与绿地景观建设

根据村庄整治规划要求，村委通过招投标的形式，对沈婆娄河道砌坎、围护及步行道进行改造，河道两侧都进行种树植草。绿地景观方面，主要采用见缝插绿，对房前屋后及宅旁的空地进行绿化，对已拆旧房的宅基地进行组团绿化。

（4）道路及排水沟渠建设

主要对唐家桥区块主干道进行拓宽改造，同时改造区块内的给水、排水设施，理顺管线沿路敷设，建造排水沟。

（5）环卫设施建设

主要包括垃圾箱设置、公厕新建与改建、消防设施建设等。结合设施的服务半径要求，对垃圾收集箱等均按规划

南立面图

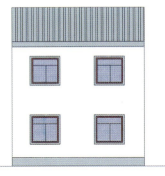

北立面图

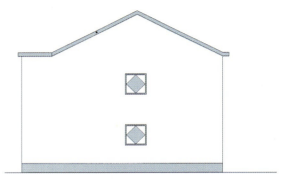

东立面图

墙面装饰

图3-4　房屋立面改造设计图

要求合理地进行配置，对原有公厕进行水冲式改造，并新建公厕1只。同时村委统一购买了垃圾桶，每天雇佣专职人员进行清理。

3.4.2 政府引导性支持项目

（1）配好管线

配建好电力线、电话线、有线电视线、自来水管、污水管和雨水管等六大管线，通过镇政府出面协调，对现有弱电架空杆线（电信、电力、有线电视三线）结合路面改造进行入地统一管沟，电力、电信、广电等管线单位各自准备好地下管材，处理好原有架空线及立杆问题，对未铺设到地方按计划铺设管线。

（2）建好三大中心

村委于2004年开始动工新建村文化活动中心，目前已建成并向村民开放，设置了阅览室、电视室、棋牌室、乒乓球室等。但村庄内一些设施还不够完善，根据小康新农村建设标准和规划要求，村委将建好文化活动中心、村民休闲中心、医疗服务中心；同时，村委还将考虑新建建筑面积1600m²的幼儿园和村委，改善幼儿教育条件，方便村里小孩就读与村民办事。

3.4.3 整治实施的基本效果与质量要求

（1）建筑立面

新区主要为三层独立房屋，外墙面多为面砖贴面，较新，规划建议对新区贴面砖的房屋进行立面清洗。

规划建议对旧区住房外墙进行重新涂料粉刷。主要采用白墙勾灰线式样进行粉刷。

（2）绿化、小广场

①利用户与户之间的弄堂进行绿化，一方面增加绿化面积，另一方面借改造机会清理户与户之间的弄堂垃圾，改善居民周围环境。

②利用部分居民房前屋后的空地见缝插绿式建设绿地。

③村内收回已迁旧房的宅基地进行组团式绿化，均衡村庄公共绿地布局。

④建设村庄入口广场，丰富入口的景观空间。

（3）围墙

现状围墙以封闭式围墙为主，形式杂乱，高低不一。不仅有碍观瞻，而且造成村庄内部空间的压抑感。

规划拟采用以下措施进行改造

①积极鼓励村民利用花坛、绿带等来分割空间，新建的建筑能不建围墙的尽量不建围墙。

②围墙易采用通透式为主，统一形式。条件允许的现有封闭式围墙应改建为通透式。

③对部分现有封闭式围墙可采用同一色彩和形式的方法进行改造，色彩易采用白、青灰等江南传统建筑色彩为主。

（4）架空杆线整治，排水系统布局

①电力架空线目前不变，把弱电（电信、有线电视）实施入地工程。

②规划根据村庄实际，在没有排水沟的区块设排水沟，理顺村庄排水系统。

3.4.4 规划实施时序

唐家桥区块现状基础较好，考虑作为一期建设，调山区块作为二期建设。至2006年基本完成一期整治工程（唐家桥区块），2006~2008年实施二期整治工程（调山区块）。

具体步骤如下：

第一步：路网改造，对村内现状、规划主次道路统一实施新建、拓宽及改造，其建造时间及道路宽度、长度详见"道路建设实施图"。

第二步：全面整治老区内部环境，重点启动唐家桥区块，拆除片内违章建筑，消除乱搭乱建现象，按照规划意图新建部分住宅；同时开展道路建设、管网铺设、公共绿化布置等工作；沿主要道路两侧的建筑立面通过抹灰粉刷来清洁其墙面，道路要有专人清扫，保持其清洁度，沿路进行绿化种植。

第三步：河道砌坎，河面垃圾清理，河两岸进行绿化、美化、亮化。

第四步：新建村委、幼儿园，力争于 2006 年底投入使用。

3.4.5 日常维护经费的测算

（1）环卫保洁

主要是村内道路、公厕、垃圾箱的清扫、清运和保洁，同时定期对河道漂浮物进行打捞，保证河道清洁。可落实专职环卫人员 2 名，该项预计月支出 1600 元。

（2）绿化养护

定期对村内绿化进行修剪、除草、除虫、施肥等。可落实专职园艺工人 1 名，该项预计月支出 1000 元。

（3）公建、市政设施维护

确保老年活动中心、村委等公建设施正常运作，每月产生经费支出约 1500 元。道路、管线、路灯等市政设施的使用及维护，产生相关费用以每月 1500 元计。

（4）其他

其他指一些不可预见的维护工作，如绿化有毁坏、健身器材损坏、公厕冲水设施损坏、河流砌坎的损坏等等，均需要及时修缮。预计月支出 1000 元。

以上四项经费合计，则村庄每月维护费用为 6600 元。

项目完成单位：绍兴县规划设计院
项目参加人员：施明朗、倪世龙、斯克纲、王秀娟、钱虎

4 辽宁省沈阳市大民屯镇方巾牛村村庄整治规划

编者按：2005年沈阳市启动村庄整治工作，沈阳市村庄规模较大，村庄人口多在2000～5000人左右，户均占地面积也较大，不利于集约用地。沈阳市大民屯镇方巾牛村是"沈阳棚菜第一村"，是沈阳市的绿色食品蔬菜生产基地，现状存在问题主要为导流系统混乱、基础设施较差、土地浪费严重、禽畜混杂、环境质量差等，整治规划结合现状问题进行近远期改造规划，提出近、远期治理重点和实施举措。对人口规模较大村庄的治理有一定指导意义。

4.1 现状概况

方巾牛村坐落在辽宁省沈阳市大民屯镇西部，辽河东岸，102国道北侧。该村距辽河2.6公里，距102国道5公里，距新民市15公里，距沈阳市50公里。全村现有总用地1539.10公顷。其中村庄建设用地84.372公顷，占总用地比例为5.4%；棚菜区用地979.96公顷，占总用地比例为63.7%；耕地用地100.5公顷，占总用地比例为6.5%。此外还有滩涂、水域等。

方巾牛村现状人口为2810人，计801户。2004年人均纯收入1万元。方巾牛村主导产业是棚菜，养殖、运输业也得到较快发展。近十几年来，方巾牛村棚菜产业不断壮大，并带动了邻村、邻乡的发展，辐射作用越来越强。以"辽绿牌"为主的瓜果和蔬菜不但供销东三省，打进北京超市，还远销俄罗斯，现方巾牛已成为远近闻名的"沈阳棚菜第一村"，是沈阳市绿色食品生产基地。

4.1.1 住宅建筑

按3类建筑标准依次分析如下：

一类：主体结构完整，采用砖石以上的混合结构，建筑外观装饰完整。占总体比例为27.3%。

二类：主体结构比较完整，一般采用砖木以上结构，建筑外观略有破坏。占总体比例为47.2%。

三类：主体结构有较明显破坏，采用砖木结构以下的结构建筑，外观陈旧。占总体比例为25.5%。

现状村庄中除南部入口处为2栋5层住宅楼外，其余住宅均为单层平房。（图4-1）

村部、消防站、计划生育指导站、集贸市场、科技活动站为新建建筑；幼儿园和小学为二类建筑。沿路商店建筑质量较差。

4.1.2 公共服务设施及配套基础设施

（1）基础设施现状

1）道路现状

全村现状道路总长约12800米。现有乡级道路2条，由102国道到小岗子，南北向穿越村庄内部，车行道宽7米，沥青路面。棚区作业路车行道7米，沥青路面。

巷道一般为3～5米宽，为泥土路面，部分伴以砂石铺装。

2）给水、排水现状

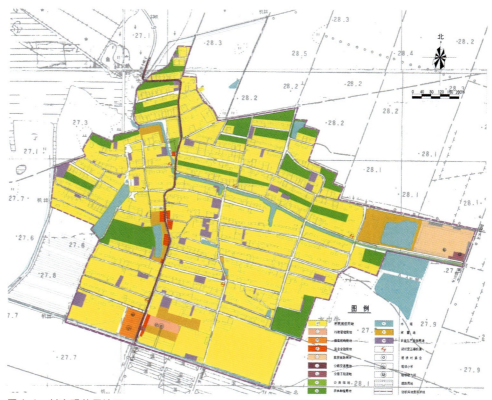

图 4-1 村庄现状用地图

现状给水为居民自备井为主,南部2栋多层住宅采用集中供水;现状给水普及率约10%。

现状雨水多为自然排放,无集中排水设施。农户旱厕居多,污水以直排为主,污染较普遍。

3)电力现状

村内现有变压器5个,电力线路接自大民屯镇变电所66千伏,沿乡道等主要道路布设,民用电压220伏。

4)电话、有线电视和宽带网络

现状电话、有线电视和宽带网络已经接入到户。

4.1.3 公共服务设施现状

村内现有村部、科技活动站、幼儿园、小学、计划生育指导站、集贸市场、消防站等。另有沿路商店3处。集贸市场为专业蔬菜批发市场,消防站为村民自发组织成立。

4.2 存在问题

(1)饮用水安全标准低

村内浅层地下水已遭受污染,无论是自备井分散供水,还是集中供水,饮用水中细菌总数和大肠菌群均不满足《生活饮用水卫生标准》(GB 5749—85),集中供水的深井水中铁和锰也都超标,其中铁的含量比锰的含量高。锰和铁含量高,会使水产生特殊的色、嗅、味,使人不愿饮用,也不宜煮饭、泡茶,易污染衣物、器皿。

(2)硬化路面少

该村只有两条硬化路面,道路铺装不足10%,多硬弯,并且断头路较多,错位交叉口视距三角形尺度不满足要求,无道路排水设施,道路主次不清,功能不明,道路系统不完善。无停车场及路灯等设施。

(3)禽畜圈舍用地与居民区混杂,居住与种植地混杂各类用地布局混乱。该村禽畜饲养业比较发达，鸡舍、猪圈等均与民宅为伴，且家禽家畜产生的粪便随处可见，严重污染村庄环境，影响村民健康。

现状居住用地与种植用地相互混杂，居住用地之间夹杂着大量的使用效率较低的种植用地，导致居住用地的分散、浪费、无序，同时土地利用低效。

（4）坑塘、排水干渠污染严重

污水自然排放，雨水仅靠南北两侧沟渠及少量坑塘排放，雨天泥污，夏日蚊蝇滋生，水域不成体系多为死水，水源无必要的防护措施。由于村内没有污水收集排放系统，地面污染又很严重，因此，村内大部分污染物都随地面雨水径流到村内的坑塘和水体。污染物的流入，破坏了坑塘内的水环境，使水体发黑，并散发出臭味。村内两条排水干渠中到处都是杂物，渠内排水不畅，水质污染严重，两岸环境卫生也较差。

（5）环卫设施匮乏

村中垃圾随意排放，既无固定排放点清理又不及时；且村中无公共厕所的设置，给人们带来不便。

（6）村容村貌较差

村内既无公共绿地又无公共活动场所，绿化树木较少，村民社会生活单调；破损的围墙、路障、堆肥都较大程度上影响了村中的环境。

（7）燃料利用不合理

居民分散取暖，燃料主要以柴草、煤粉为主，利用不合理，没有达到节能的目的，同时燃烧后排放的气体对环境影响较大。

（8）宅基地面积偏大

村庄以原有的12个小队为基础聚拢发展形成，住户庭院较大，建筑密度低，间杂大量园地、闲置地、空置房及畜舍，分均布局自然无序，功能混杂，结构不明，人均建设用地300.25平方米/人。（图4-2）

图4-2 现状主要问题分析图

4.3 整治规划

4.3.1 规划布局

考虑城乡统筹发展，基础设施综合配套，生产力布局和产业化需要，以节约用地、适当集中的原则，综合考虑，将部分危旧房进行拆除，整治予以拆除21户，拆除率为2.0%，拆除建筑面积1600平方米。同时对宅间大块空置地进行改造，成为园田地。用地由现状84.37公顷降至规划的70公顷，人均建设用地由300.25平方米降至249.11平方米。节约用地14.37公顷，折合215.6亩土地（图4-3）。

实现人畜分离。由于现状多数农户人畜混住现象比较严重，根据畜禽养殖密度，规划在村庄东北部距村庄居住地1km以外设立集中畜禽养殖场，总占地面积96000平方米，建筑面积为32000平方米。合理配置饲养种类，妥善安排，严格管理，与村庄保持合理的距离，为村民创造健康良好的居住环境。

4.3.2 公共设施布局规划

（1）村委会、计划生育指导站：村委会为新建单层建筑，包括计划生育指导站等，周边设有公厕，规划配以广场、绿地等配套设施环境。同时要完善场地功能，改善场地形象，提升场地品位，包括铺装地面、配置广告橱窗、阅报栏、旗杆、灯光和讲台等。

（2）科技活动站：科技活动站为村民文化生活集中地，应加强文化设施建设，结合公共活动场地统一建设，建设电教室等。

（3）幼儿园、小学：保留现状小学，适度增加其规模，完善设施。增强幼儿

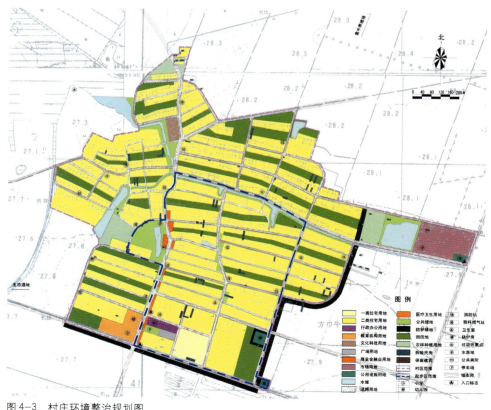

图4-3 村庄环境整治规划图

园投资建设。

（4）集贸市场：体现蔬菜集贸市场特色，并配套停车场、公厕等建设。

（5）消防站：消防站周边要确保道路畅通。

4.3.3 道路与竖向规划

（1）整治原则

针对该村道路不成系统、交通不畅等现状问题，对现有道路进行整修。充分利用现状条件，结合功能分区，创造便捷的交通环境和完善的道路网格。

（2）整治措施

改枝状道路结构为局部网状结构。将现状尽端路规划连接成环型路。

在乡路的北部将转弯半径几近直角弯曲的道路截弯取直，使道路面积降低，从而节约用地面积，保障行车安全，使道路通畅便捷。将乡路6处弯道减少至3处，转弯半径控制为100~200米，在交叉口增设汽车视距区，将建筑红线退至16米，增设边沟盖板、人行道和路灯。

提高村内道路标准。将等级道路路面分别拓宽至7米、6米和3.5米，建筑红线拓宽至10~16米，宅前道路满足消防通道要求，等级道路铺装率100%，三级路硬化铺装率100%。

设置机动车停车场。在集贸市场、水塘公园、村部等车辆集中处设置3处停车场。面积共计2200平方米。

4.3.4 绿化与景观规划

针对现状公共绿地缺乏的现状，在该村地西部新建水塘公园，并在村中利用零星闲置地规划建设5块街头绿地，分别布置在合理的服务半径范围内，并辅以娱乐、休闲设施，为村民提供休憩场所，丰富村民生活。

完成北部干渠部分绿地建设，在等级道路两侧种植行道树。在沿河沿路两侧增加带状绿地；提高绿化覆盖率；选择杨柳、刺槐等适宜北方气候的树种花卉。

4.3.5 环境整治工程量及投资估算（见表4-1、表4-2）

环境整治项目实施计划表（单位：万元） 表4-1

实施顺序	项目名称和内容	投资估算	实施年度
1	养殖小区（一期）：占地6万平方米，建筑2万平方米	375	2006
2	固定垃圾池：20处	2	2006
3	南部污水管道：Φ300×1200米	44	2006
4	北部排干治理：土方1000立方米，绿地5000平方米	30	2006
5	秸杆燃气：用户900户，占地5000平方米	300	2006
6	乡路改造：边沟盖板1300米，路灯35盏，步道砖7800平方米，绿地2600平方米	54	2006
7	环路改造：柏油路面3800米×7米，砌筑边沟2800米	100	2006
8	中心街改造：800米×6米，砌筑边沟800米	26	2006
9	乡路、北环路围墙整修：2600米	26	2006
10	种植行道树：2600株	13	2006
11	文化广场：地面砖2300平方米，绿地800平方米	20	2006
12	农宅院落整治示范：30户	15	2006
13	治理西部水塘：土方3000立方米，拆迁围墙600米，附属房屋400平方米，绿地2000平方米	14	2007
14	集中供水：供水人口2800人	160	2007
15	民居改厕：双坑交替盖板卫生旱厕500户	25	2007
16	公厕、小学校厕所：建筑45平方米，高压水冲式	15	2007
17	南二路改造：柏油路面1000米×5米，砌筑边沟1000米	34	2008

续表

实施顺序	项目名称和内容	投资估算	实施年度
18	北二路改造：柏油路面 1400 米×5 米，砌筑边沟 1400 米	46	2008
19	生态湿地：处理污水能力 4.3M/D，土方 1 万立方米，绿地 4900M	30	2008
20	街头绿地：5 处，3000 平方米	12	2008
21	整理电力线、照明线、电视线、通信线架设	5	2008
22	迁移扩建供热站：供热量 4.3 兆瓦，建筑 300 平方米	40	2008
23	南一路改造：柏油路面 1000 米×5 米，砌筑边沟 1000 米	34	2009
24	公园：绿地 5200 平方米，地面硬覆盖 1500 平方米	30	2009
25	道路交叉口整治：4 处，拆迁房屋 1 栋 80 平方米	10	2009
26	乡路拆弯：拆迁房屋 3 栋 180 平方米，柏油路面 160 米×7 米，砌筑边沟 320 米	19	2009
27	整修其他等级道路沿线围墙：4000 米	40	2009
28	四级道路硬化：4000 米×3.5 米，砌筑边沟 4000 米	72	2010
合计		1494	

政府政策支持项目明细表 表 4-2

实施顺序	项目名称	政府政策	建材量估算	工程量估算
1	养殖小区	示范	水泥 3000 吨、钢材 75 吨	3000
3	南部污水管道	补助		
5	秸秆燃气	示范	水泥 30 吨、钢材 1 吨	3000
6	乡路改造	补助	水泥 60 吨、钢材 6 吨	
7	环路改造	补助	沥青混凝土 1500 立方米、水泥 280 吨	
8	中心街改造	补助	沥青混凝土 300 立方米、水泥 80 吨	
9	围墙整修	示范	水泥 330 吨	1000
10	种植行道树	补助		100
11	文化广场	补助	水泥 20 吨	
12	农宅院落整治示范	示范	水泥 30 吨	600
14	集中供水	补助		3000
15	改厕	示范	水泥 120 吨、钢筋 3 吨	1000
17	南二路改造	补助	水泥 50 吨、沥青混凝土 300 立方米	
18	北二路改造	补助	水泥 70 吨、沥青混凝土 420 立方米	
19	生态湿地	补助		
23	南一路改造	补助	水泥 50 吨、沥青混凝土 300 立方米	
25	道路交叉口整治	补助		
26	乡路拆弯	投资	水泥 20 吨、沥青混凝土 10 立方米	

4.3.6 起步区整治规划

（1）范围

起步区位于方巾牛村的东南角，南至南环路，北至北部排水干渠，西侧到乡道，局部拓展包括公园用地，东侧至东环路。

（2）整治原则

充分考虑近期社会经济发展，保持近期整治规划的相对完整性，并保持与建设规划的衔接性与一致性。重点是生活环境的改善和基础设施的建设，优先安排有利于提高村屯环境和人民生活急需的项目。

（3）整治内容

在起步区整治规划中，着眼点不仅仅局限于起步区本身，而是将其视为整官地村村庄规划用地6.68公顷,其中,建设用地4.12公顷,人均建设用地206平方米。主要为居住用地,共2.65公顷,其中包括8户外来户住宅,占地约0.6公顷,因其是插建在村庄中,与原有民居的关系密不可分,只能计入建设用地,这也是造成人均建设用地超标的主要原因。另在村庄中央部分规划了三块公建用地,共0.23公顷,作为村委会、幼儿园、游客中心等用地。另外道路用地为0.83公顷;公共绿化为0.41公顷。在村庄边界内还有生产防护用地2.56公顷,主要是河道、防护绿带及部分农田等,这部分作为非建设用地,严格控制建设。

此次用地规划维持原来村庄用地范围不变,各户均在自己原有住房院落的范围内翻建或改造,在不增加建设用地的前提下适当提高建筑面积来满足发展需要,随着人口的逐年增加,人均建设用地也将逐步降低,从长远来看也起到了节约用地的作用。

具体综合经济技术指标见表5-1和表5-2。

用地平衡表　　表5-1

用地项目		用地面积（公顷）	人均用地（平方米/人）	比例
规划用地		6.68		
其中	生产防护用地	2.56		
	建设用地	4.12	206	100%
	其中 住宅用地	2.65	132.5	64.32%
	公建用地	0.23	11.5	5.58%
	道路用地	0.83	41.5	20.15%
	公共绿地	0.41	20.5	9.95%

主要经济技术指标　　表5-2

序号	项目		单位	指标
1	总建设用地		公顷	4.12
2	总建筑面积		万平方米	2.48
	其中	住宅建筑面积		2.16
		公共建筑面积		0.32
3	总户数		户	66
4	总人口		人	200
5	户均人口			3
6	人口毛密度		人/公顷	50
7	停车位		个	200
8	容积率			0.6
9	绿地率			35%

5.3.3 公共设施布局规划

规划在村庄内安排了村委会、幼儿园、医务室、游客中心等公共服务设施,为村庄内居民和旅游人口服务,以上公共服务功能可整合考虑。

5.3.4 道路交通规划

(1) 对外交通:便捷、安全

在保留原有道路的基础上,向沿河方向扩出1.5米作为人行道,做到人车分流,同时也使会车有了足够的空间,同时在机动车道上增加减速带及人行横道,保证行人的安全性,材料采用石材、灰砖等,突出地方性。沿河方向设置一些悬挑的茶肆、酒肆等,丰富道路景观,同时提供游人休息、观赏的空间。

(2) 内部交通:收放有致

内部交通为步行空间,保持其原有的丰富性,做到收放有致。铺地采用石材、灰砖、卵石等地方材料。

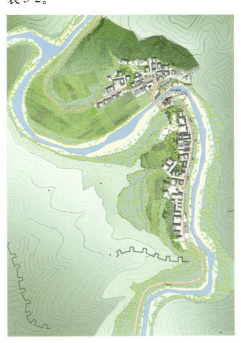

图5-4　总平面图

(3) 停车：分散、灵活

停车采用分散式，不设大型的停车场，而设置多个小型停车点，做到化整为零，使得停车自然地融入村落格局中。

5.3.5 绿化系统与生态环境规划

传统聚落存在于绿化之中，绿化赋予村落以良好的生态环境。沿河的街道绿化、古树名木、村落边界的果林等都是村落不可替代特征的重要组成。

充分保护和利用村落原有的自然环境资源，综合利用多种绿化手段，结合村落原有的景观特色，突出历史风貌和地方特色，完善原有的绿化系统。

带形绿化：沿河及沿路的绿化带。

点式绿化：庭院或路旁的大树。

面状绿化：保留的农田，作为采摘园等。

保留村落四周的生产绿地，并适当增加乔木，丰富景观层次。

村落内现有各类设施的配置应充分考虑到对环境的影响，尽量减少其对空气、水体和土壤等自然资源的污染，严格保护水体不被工业废料和生活垃圾所污染，加强对河道及水面的疏浚和清理，以保障河道的流动性和自洁力。

为保证村落有良好的生态景观风貌，还要提高居民和游客的生态和环境卫生意识，鼓励居民在宅院中种植花木。

5.3.6 市政工程规划

官地村市政基础设施规划包括：供水系统、排水规划、水系环境、弱电系统、电力系统、管线综合、环卫设施和市政小品规划等，强调"因地制宜"，使市政工程设施的现代化功能不损害村落历史风貌的保护。

5.4 重要节点设计

5.4.1 民居改造与设计

村落中民居的改造与设计应遵循以下原则：

（1）不破坏村落原有的风景与自然环境。

（2）不应简单地重复或模仿传统形式，但要保持乡土气息，同时追求现代感。

（3）保持村落原有的平面肌理和街道线路，在适当位置增加1个中心广场和1个中心公园。

（4）建筑造型简洁朴素，材料和颜色必须突出地方特色，如灰墙和天然石墙。

（5）建筑层数不得超过两层。

（6）房前屋后和路边空地多种植乡土植物种类。

5.4.2 村落入口

图5-5 村庄入口处

（1）以蜿蜒山脊的长城城墙与高耸的烽火台意向标示出官地村最重要的景观资源——长城；

（2）用木构架以及布置在其前的石磨表达出官地村最主要的地域特征——农家田园生活。

5.4.3 村中心广场

中心广场是村落中重要的公共空间，在充分解读基地交通状况及环境条件的基础上，以最大限度适应户外集体活动功能为前提，将广场分为表演区（为广场核心，同时亦是几条重要道路的视觉焦点）、聚合区和休闲区三部分，三部分空间体验分为开放、半开放和私密，以适应不同的需要。在休闲区以几

图 5-6 中心广场

种不同的地方材质铺地来适应不同人群的需求，达到老少皆宜的效果，同时突出广场的地域性特征。

5.4.4 村中心园林

（1）整治环境，改善滨水驳岸、植被及地表，加设观景游览步道，步道的设计以对环境的最小接触和侵占为主要考虑因素。在现有的几处空场处加设观景平台，使观者得到丰富的观景效果和空间体验。

（2）滨水驳岸的设计应注重安全性，确保防洪防汛；同时还要注重与周边园林景观相结合，使驳岸成为自然景观的有机组成部分；在材料上应采用毛石、卵石、砖等自然乡土材料，突出地方性和自然性。另外，滨水驳岸应采用多种方式相结合，避免千篇一律，营造出丰富生动的沿河景观。

图 5-7 中心庭院

5.4.5 游客中心

（1）在充分解读基地环境的前提下，将建筑的眺台、院落与建筑的体量灵活组织在一起，使建筑功能与景观充分结合。

（2）通过对建筑体量的有序分解，以及与生态植被的良好结合，削减建筑体量，使之与周围自然环境相融合，同时也与原有村落建筑体量相呼应。

（3）在建筑材料上，以毛石、木材、灰瓦等地方材料为主，充分体现乡土气息。

（4）在功能布局上，游客中心的接待展示功能与民居的住宿功能及广场的活动聚会功能相结合，使其达到良好的功能群效应。

图 5-8 游客中心

5.4.6 沿路立面整治

（1）现状沿路立面杂乱，整体性差，严重影响村落整体景观，需要从整体把握进行整治。

（2）建筑体量上首先要统一，以一层为主，局部二层，轮廓线应有起伏，与背景的山体相呼应。

（3）在色彩上要做到协调，主色调以长城的灰色调为主，与周边环境相融合，在大的色调下各户之间可以有一些微差。在门头等重点部位可以适当用一些鲜艳的颜色，起到点缀和活泼的作用。

（4）在建筑材料上，鼓励使用灰砖、毛石、卵石、灰瓦、木材等地方性材料，充分体现乡土气息，同时材料的变化也能增加沿路立面的丰富性。

（5）通过匾额、广告牌以及红灯笼灯装饰构件的处理来突出各户的个性，避免千篇一律、过于死板。

5.5 实施情况

在党十五届六中全会"建设社会主义新农村"的号召下，官地村旧村改造工程得到了各级政府的高度重视和支持，集中了市、区、镇、村各级政府机构的相关资源，成立专门的旧村改造领导小组，来负责组织协调旧村改造从前期研究、规划设计到建设施工等一系列过程。雁栖镇政府作为建设单位，具体负责旧村改造工程的落实设施。村集体及村民在项目建设施工过程中全程参与、积极配合。市区两级政府领导机构定期组织检查、评审和验收，严格把关，保证了旧村改造工程的顺利进行。

经过近一年的艰苦努力，官地旧村改造工作现已基本完成，并于2005年8月举行了开村仪式，获得了各方面的好评。改造后的官地村，原有的村落格局得到了有效保护，历史人文特色更加突出，基础设施条件得到较大改善，文化体育、医疗卫生等服务功能更加完善。另外，有35户村民进行了民居改造，总建筑面积6980平方米，在改善村民居住条件的同时，也大大增加了民俗旅游的接待能力，官地村以乡土生态环境为主的体验型旅游度假村落的特色也更加鲜明。改造后的新民居，布局合理，造型美观，有完善的给排水设施及较高卫生标准的厕所，居住条件得到了极大改善。同时，着眼于民俗旅游主导产业的发展，在民居改造设计中兼顾了农民自身居住和旅游接待的要求，在不增加用地面积的前提下大大扩充了接待能力。改造后的官地村，户均增加接待面积80平方米，全村日接待能力从原来的600人增长到1200人，接待床位由360张增加到980张，增长了2.7倍。游客人均消费由33元增加到70元，户均收入可达6.6万元。改造完成后全村预计年接待游客5.5万人，实现旅游接待收入385万元，比2004年的3.5万人115万元分别增长了57%和230%。

图5-9 村落入口

图5-10 中心庭院

设计单位：清华大学建筑学院
　　　　　北京清华安地建筑设计顾问有限责任公司
设计指导：刘伯英　清华大学建筑学院副教授
项目负责人：罗德胤，博士，清华大学建筑学院讲师
主要设计人：李匡，硕士、张昕楠，硕士

6 北京市怀柔区桥梓镇北宅民俗生态旅游村规划

编者按：2005年11月，北京市规划委员会组织建设社会主义新农村规划活动，将北宅村列为市级旧村改造试点村。北宅村是原北宅乡政府所在地，村庄有良好的发展基础，对周边村庄有较强的带动能力和辐射能力。规划设计从北宅村的民俗生态旅游定位出发，进行了产业配置及功能区的划分，对旅游服务区进行了详细规划，对旧村路网、公共服务设施等进行了改造规划。同时也探索了民俗旅游对村庄改造的促进作用。

6.1 区位与人口

怀柔区桥梓镇北宅村位于北京怀柔水库上游浅山区，村庄三面环山，一面环水，依山傍水、风景秀美，弯弯的怀九河绕村而过，具有良好的生态环境，是北京市生态示范村之一。

北宅村位于怀柔城区西部，距怀柔城区约5公里，距离京承高速公路出口仅7.5公里。京通铁路、台关公路穿村而过，其区位条件中等。村庄向北2.5公里可达怀沙路，直通慕田峪长城景区、红螺山景区；向西5公里可达怀四路，直通黄花城长城景区。

北宅村户籍人口约1800人，606户，外来常住人口约1600人。

6.2 资源与产业现状

2004年全村经济总收入2.18亿元，其中一产2679万元，二产5335万元，三产13757万元，三产比例为：12∶25∶63。

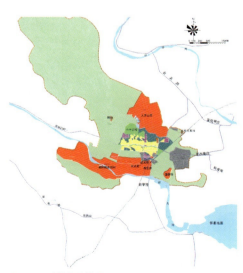

图6-1 村域现状图

图6-2 村庄现状图

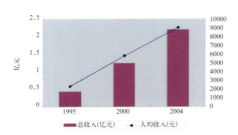

图 6-3　1995~2004 年经济增长图

农民人均纯收入 9003 元。

三产发展主要以旅游为龙头，包括"鹅和鸭农庄"、"人济健康运动中心"两个景区，13 家民俗大院，68 家体现民风民情的民俗户。2004 年接待游客 5 万多人，全村旅游业总收入达 4000 多万元，占全村总收入的 20% 左右，旅游对北宅村的收入和解决就业的贡献仍有限。

二产包括砖厂、水泥构建厂、面粉厂、印铁厂等企业。部分企业类型仍与区域环境要求不相适应，北宅村位于怀柔水库上游，发展工业企业受环保限制，应严格控制与环境保护冲突的工业企业发展。

6.3　发展定位

（1）模式选择

第一种：Ⅰ——Ⅱ——Ⅲ产业梯次逐步转移的农村现代化发展战略。

第二种：大都市村庄Ⅰ——Ⅲ产业跨越式农村现代化发展战略。

结合首都城市地区的特点，结合北宅村的实际条件，选择第二种发展模式。

（2）如何体现"工业反哺农业、城市支持农村"

城市和农村地区的互动，吸引城市的居民来此旅游，进行土地适度规模经营，发展生态友好型的旅游业和生态农业，是农村现代化的最佳路径。

依上，北宅村的定位：专业民俗旅游生态村。严格控制引导第二产业，大力发展第三产业、优化调整第一产业。严格控制与水源涵养有冲突的工业，引导发展利用本地资源、与旅游产品结合的农产品精加工类工业；大力促进旅游业发展，提高旅游收入，解决就业；大力发展生态农业，体现农业良好的生态效应。

6.4　村庄规划

村庄建设体现"精明增长"和"节约用地"。即在强调村庄增长的同时，要节约耕地。建设用地尽可能利用原有的工业用地，或者在现有建设用地进行改造。

图 6-4　村庄规划

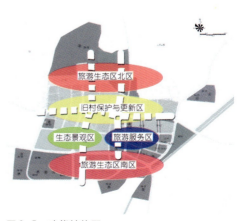

图 6-5　功能结构图

结合村庄生态旅游村建设目标，增强村中旅游服务设施规划。营造富有'村庄都市'特色的新时期村庄人文环境。

在现状基础上按标准配置公共服务设施。部分公共服务设施就地改建扩建；需要增建的公共服务设施合理选址，规模适当具有前瞻性；增设旅游服务设施；形成较为完善的公共服务设施体系。

规划将村庄分为五个功能区：村口旅游服务区，旧村保护与更新区，生态景观区，旅游服务北区和旅游服务南区。

旅游服务区：不新增用地，利用现有村庄用地，功能混合，包括旅游服务和居住等多种功能，集中进行改造。

旧村保护与更新区：对现有村庄进行渐进式的逐步改造。以保留、更新、整治为主，疏通道路、上下水管道等基础设施。提高旧村居民的生活环境和质量。

旅游生态区：以生态为主的旅游，分为南北两个旅游生态区。以鹿鸣湖、人济健康中心、小十三陵、北龙山庄等旅游区以及北部自然山体形成北宅村旅游生态区北区；以民俗大院一条街、鹅和鸭农庄等旅游区以及怀九河和南部自然山体形成北宅村旅游生态区南区。

生态景观区：保留现状留在村中西面旧村聚居地与民俗大院一条街之间的农民自留地，结合道路网规划，该地形成了两片生态景观绿地。

6.5 详细设计

旅游服务区：该区是村庄近期建设的重点，也是村庄整体建设的催化剂。位于村口，总体占地 9.07 公顷，包括两个片区，接待中心区占地 7.00 公顷，公寓区占地 2.07 公顷。

接待中心区结合房产开发进行设计，为村民提供多层楼房（四层为主）住宅。同时承载村庄的对外来旅游人员服务功能，设置旅游服务接待中心。住

图 6-6　总平面图

图 6-7　旅游服务区详细规划图

图 6-8　旅游步行街景示意

宅多为底商住宅，沿道路形成商业街区，设置旅游服务项目，如特色餐饮、旅游购物、邮政银行等功能，满足旅游人员城市生活方式需求。在街区内设置一条旅游风情步行街，丰富街区空间，增加步行购物空间的娱乐性，增添村庄活力。

公寓区以高层为主，以居住为主体，底层结合步行街设置商业、酒店业、体育健身等城市综合服务功能。延伸步行街空间轴线至村西的公共绿色（生态科技示范园）开敞空间。

生态科技研发中心区：结合村庄发展特色及目标，设立生态科技研发中心，占地面积2.8公顷，为村中生态科技发展提供研究平台，结合产业示范园为农业产品科研提供实验基地。邀请村民参与，带动科研与实际相结合，带动村民科技意识，使科研进村，为村民服务，提高村民素质。为城市中的电子等前沿研发项目提供基地。

农产品加工园区：在现状野菜厂基础上扩建农产品加工企业，形成本村农产品加工园区，占地面积3.47公顷，为发展村中宜农产业加工发展提供坚实平台。注重内部环境建设，力求为村民创造具有现代气息的宜人的工作环境。园区加工项目应注重依托本村当地农产品，形成特色产业园；并应积极创办形成为农产品的产、加、销有机结合的多功能园区服务。

旧村改造区：由村内路网划分而形成，共分为6个地块，改造内容包括：村政府原址上进行改建与升级，形成村内的政治中心，集中设置村内行政办公各项职能。主要道路两侧提供商业服务设施空间，村口处设置较大型商业服务设施，如餐饮、休闲娱乐场所及接待服务。设置村级文化中心与医疗中心，包括图书馆一处，村卫生所一处，村级群艺馆一处。

6.6 基础设施规划

基于社会主义新农村建设，以基础设施为先导，基础设施建设适度超前，优先发展。到2010年，北宅村规划区建成安全、高效的现代化市政基础设施体系，为北宅村经济社会可持续发展提供支撑和保障。以节水、节电、节地、节

图6-9 村庄建设示意图

材等"四节"原则为北宅村建设目标,合理利用能源;逐步改造、完善基础设施系统,提高服务水平。在规划区组团建设中,积极发挥基础设施的先导作用,保障建设规划的顺利实现,逐步建立符合农村地区经济社会发展水平的基础设施服务体系。

基础设施规划内容包括:实行集中供水。规划近期水厂规模为800立方米/日,远期水厂规模为1100立方米/日。扩建污水处理厂,规模1000立方米/日。

沿主干道铺设光纤主干线路,满足各类通信业务的要求,包括宽带。到2010年,北宅村争取使用天然气,同时在新区建设区域锅炉房,集中供热,容量为13兆瓦。近期充分利用,合理改造现有环卫设施,中远期全面完善环卫工作的主体设施。建立完善的火灾报警和消防指挥通讯系统。以村委会为核心,建立消防指挥中心。

各项市政投资估算约为3000万元。

小结:

规划将北宅村建设成为生态友好型的旅游村;节约用地,精明增长型的示范村;基础设施完善,村容村貌整洁型的新农村。

设计单位:中国城市规划设计研究院城建所
项目参加人员:黄华静、严奉天、朱莉霞、艾宇、关丹、杜宝东、王纯等
完成时间:2006年1月

7 北京市平谷区南独乐河镇甘营村村庄整治规划简介

编者按：2005年11月，北京市规划委员会组织建设社会主义新农村规划活动，平谷区甘营村被列为村庄整治试点规划村。甘营村位于平谷至金海湖的重要旅游公路－平蓟公路的北侧，现有街道较为规整，路面较宽，但街道空间过于呆板与杂乱，端头路较多。村庄内部缺乏公共活动场地，生活垃圾、柴草等随意堆放。改造规划采用问题导向的研究方法，针对村庄存在的问题逐一解决，提出改造的具体措施及治理的具体行动计划，将改造工作落实到实处。并进行了投资估算，为下一步具体治理改造提出了切实可行的指导。

7.1 概述

甘营村为北京市平谷区南独乐河镇所辖自然村，位于南独乐河镇西南。村庄于唐代成村，原名甜水镇，明永乐年间曾在这里此建立过育马场及牧马场，后改名为甘营。

甘营村地处半山区，东南为低山丘陵台地，西北为平原。村域北侧为沟河，南侧为海子南干渠，沿干渠北侧为已建成的百米观光路。根据平谷新城规划，甘营村紧邻市区应急地下水水源地保护区。

平谷至金海湖的重要旅游公路－平蓟公路从村域中部穿过，熊（儿寨）甘（营）公路以该村为终点。根据平谷新城规划，平蓟公路北侧为规划的市郊铁路3号支线，村庄西侧为规划中的京平-津蓟高速公路和高速公路至平蓟公路的联接线，良好的交通优势将为甘营村的未来带来了更多的发展机遇。

甘营村现有村民住户720户，户籍人口2560人。甘营村村域范围4.32平方公里，村庄用地。村庄北侧平原地区主要为桃树、玉米、棉花等农业种植用地和少量养殖用地，村庄南侧低山区主要为林地和柿子、冬枣种植基地。

村庄建设用地35.34公顷，人均建设用地为138.05平方米，满足国家对于农村人均建设用地小于150平方米的标准。

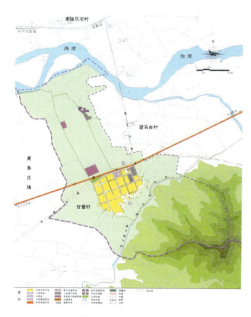

图7-1 村域范围用地现状图

7.2 村庄建设现状

7.2.1 道路建设现状

甘营村20世纪70年代曾做过一轮总体规划，村庄建设基础条件较好，"三横三纵"的道路网结构大体形成，街道规整且路面较宽，但由于村庄遗留的搬迁问题，甘营大街中段、甘营南街中段、服装厂西街西段、甘营西小街南段均未按规划予以贯通。路面质量较差，除主要街道路面为水泥路面外，宅前路和未贯通道路均为土路。村庄道路沿街景观较为杂乱，道路绿化不成系统，电线杆林立、电线乱拉、街道空间垃圾、杂物乱堆乱放现象较为严重。

7.2.2 公共服务设施现状

甘营村现有公共服务设施主要为村委会、社区卫生服务站和一所5班小学。小型商店零散布局，多为村民利用民宅自发经营。村庄内原有幼儿园已迁并至南独乐河镇。目前，村内尚无文化活动中心。

7.2.3 市政公用设施现状

（1）给水设施：甘营村生产、生活用水水源为村庄南部的自备水源井，经加压后向村内供给，村内已经初步敷设了给水供水管道。村内现状无室外消防给水系统。

（2）排水设施：村内主要道路两侧设有明沟，收集雨水及生活废水，至村外自然排放，每户设有小型3格混凝土预制化粪池，收集户内厕所排放的生活污水，经化粪池处理降解，定期清掏。村内现状无集中的污水处理设施。

（3）电力设施：村庄2004年进行了全面的电力改造，设有10kV变电站七座，现有10kV高压线路及380/220V低压线路沿村庄主要道路架空敷设，架设较为杂乱。每户均为一个配电回路，即照明与插座为同一回路，存在用电不安全隐患。

（4）电信设施：目前全村已实现户户通电话、电视，有线电视线路与低压电力线路同杆架空敷设，电话线路单独沿村庄道路架空敷设。

（5）环卫设施：村庄北侧农业种植用地内现有垃圾堆场一处，村庄内无垃圾收集点及垃圾箱，街道上生活垃圾随意倾倒，阻碍交通，污染环境。

7.2.4 绿化现状

村庄西北为甘营休闲广场，以草坪种植为主，内有健身器械，建造条件良好。由于广场位于公路及村庄道路之间，又位于村庄一角，给村民特别是老人和儿童的日常使用带来不便。除休闲广场外，村庄内无其他集中绿地。

7.2.5 居住建筑现状

民宅基本按70年代村庄总体规划

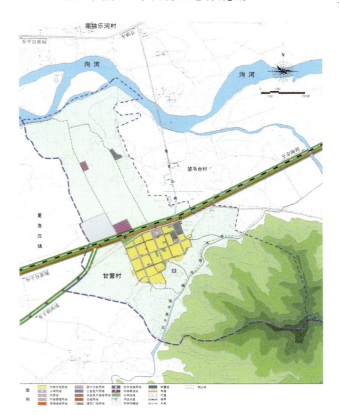

图7-2 村域范围用地规划图

进行建设，成行列式紧凑布置，宅基地基本按照12.82米×17.43米的标准建造。沿平蓟公路北侧，除甘营制衣厂、镇卫生站及小学等个别新建建筑外，其余建筑多破烂不堪，私搭乱建的棚屋和乱堆的杂物比比皆是，房屋年久失修，墙面颜色杂乱，安全、卫生隐患突出，村容村貌亟待整治。

7.3 村庄现状存在的主要问题及整治对策

（1）由于村庄遗留的搬迁问题，个别道路未按规划实施，多为尽端路，现有街道规整且路面较宽，街道空间过于呆板，缺少可识别性。本次规划拆除或改造影响主要道路交通的民宅，疏通道路，合理确定道路断面，增加道路绿化带宽度。将甘营南街、服装厂西街调整为景观道路，形成单侧3~6米宽的绿化带。新建道路采用折线化处理，以减少民宅拆迁，并形成富于变化的街道空间。

（2）村级公共服务设施还需进一步完善与整治。根据村民的意愿，本次规划考虑增建一处文化活动中心和敬老院。由于小学入口与村庄道路过于局促，建议小学入口调整至服装厂西街，并在入口处增加疏散广场。

（3）村委会位于平蓟路北侧，与村庄建设用地有一定阻隔，根据平谷新城规划，平蓟路北侧规划有城市轨道交通，为避免村庄建设用地沿公路两侧跨铁路发展，村委会远期应搬迁至村内，并结合文化活动中心及文化广场集中建设。

（4）由于现有休闲广场使用不便，而村庄内部空间过于紧凑，缺乏公共休闲活动场地。故本次规划整合村庄开敞空间及闲置宅基地，选择合适位置将其改造为休闲活动场所，或作为公共服务设施用地及发展备用地。

（5）村庄环境"脏、乱、差"问题突出，村内基础设施还需进一步完善与整治。本次规划远期考虑铺设污水管道，新建小型污水处理设施解决污水随意排放污染环境的问题，同时结合消防设计要求，改造给水设施。村内规划设多处垃圾收集点和一处垃圾转

图7-3 村庄用地现状图（2005）

图7-4 村庄整治规划图

图7-5 村庄道路系统规划图

图7-6 甘营休闲广场景观节点图

运站，垃圾集中收集于垃圾转运站后运至镇或市垃圾填埋场进行无害化处理，同时村庄管理应建立相应的制度和长效管理机制。

（6）村庄建设用地紧邻平蓟公路，沿街建筑乱搭、乱建现象严重，一方面交通噪声和尾气污染对村民的生活、学习造成了一定影响，另一方面沿街杂乱的临建房及参差的建筑空间形态有碍观瞻。根据平谷新城规划的要求，平蓟公路为平谷至金海湖的重要旅游公路，两侧规划有30米防护绿带，故本次规划拟拆除部分沿街建筑，进行植树绿化，作为公路的防护绿带，改造现有甘营休闲广场，沿街建筑及围墙统一风格，公共建筑拆墙透绿，使甘营村成为平蓟公路上的一处美丽风景。

（7）养殖业用地较为分散，气味和环境污染对村民生活带来一定影响。本次规划集中安排，特别是深水井附近的牲畜饲养用地应严格控制，必要的予以拆除。

（8）针对村庄产业结构过于单一的

图7-7 平蓟公路沿街立面改造

现状，本次规划考虑加快农业产业化进程，发展都市型农业，形成都市型农业、观光旅游业、工业生产及养殖业相互融合、相互促进、协调发展的产业格局，并提高农民收入和增加就业。扩大水果种植产业规模、优化品种结构、打造市场品牌，把农业功能定位在提供绿色食品、有机食品、农业增效和农民增收上。结合百米观光路，发展集观光、采摘、休闲于一体的旅游业，为城市提供良好的生态环境、优美的田园风光和宁静的休闲场所，使村庄农业向着兼具生产、生态、社会经济功能于一体的高度现代的都市型农业转换。

图7-8 村庄房屋整治示例图

图7-9 住宅户型图(150平方米)

项目完成单位：中国建筑设计研究院城镇规划院
项目参加人员：李霞、董艳芳、邵爱云、赵健、梁森森、郑颖等

8 北京市延庆县八达岭镇里炮村村庄整治规划

编者按：党的十六大提出了全面建设小康社会的宏伟目标，而切实解决好新时期"三农"问题是关系目标实现的重要环节，为落实党的十六大和市委九届十次全会精神，进一步加快北京社会主义新农村建设，北京市规划委全面启动了百名设计师下乡开展村庄规划设计的工作。延庆县八达岭镇里炮村也启动了村庄治理规划工作，里炮村位于八达岭长城脚下，自然风光良好，全村致力发展果树种植及民俗旅游业。在该村村庄治理规划中，围绕其民俗旅游接待及果品特色，重点进行了村庄入口的环境景观规划，接待设施完善配置。对探索民俗旅游型村庄整治规划模式具有一定的指导意义。

8.1 概述

里炮村为北京市延庆县八达岭镇所辖自然村，坐落在八达岭长城脚下，依山而居，周边具有良好的自然风光，在旅游服务功能上具有潜在的区位优势。

改革开放之前，里炮村民人均收入不足200元。经过清石还土，改良土地，1979年开始果树种植。如今的里炮村种

延庆区八达岭镇里炮村位于北京八达岭长城脚下，八达岭镇政府西南1公里处，北京八达岭工业开发区以南，阳光马术俱乐部以西。

里炮村所在的八达岭镇距市区德胜门约60公里，距延庆县城约13公里。镇南部与昌平县接壤。

图8-1　区位位置

图 8-2 村域现状图

图 8-3 村域规划图

植果树1100余亩，5万多株，2004年里炮村实现生产总值2480万元，其中第一、第二、第三产业分别占14.11%、72.58%、13.31%。全村人均纯收入达到14000多元，其中果品收入占80%。除果品收入外里炮大力开展民俗旅游业，2002年北京市旅游局正式批准里炮村成立"红苹果民俗度假村"，2004年全村共计有民俗旅游接待14户，年接待游人30102人次，旅游接待收入127.4万元。

8.2 村庄建设现状

里炮村村域面积2.6平方公里。村庄建设用地13.98公顷。村民院内除开展民俗旅游项目外，多有种植果树，因此院落面积较大，现状人均建设用地为447.4平方米，高于国家对于农村人均建设用地小于150平方米的标准，但考虑到里炮村的产业特色和户均人口较少等实际情况，规划暂不考虑大幅调整人均建设用地面积。

8.2.1 道路建设现状

里炮村交通便利，通过外石路与八达岭高速相连。"街"、"巷"是村庄格局中的主要骨架，村内现状道路多数为混凝土铺装，路边未设排水沟。部分道路，尤其是宅前道路路面过窄，此外有少数道路尚未打通。

8.2.2 公共服务设施现状

里炮村现有公共服务设施主要为村委会、卫生所。小型商店零散布局，多为村民利用民宅自发经营。村内缺乏文化活动中心和旅游服务配套设施。

8.2.3 市政公用设施现状

（1）给水设施：里炮村生产、生活用水水源为村庄南部的自备水源井，加压后向村内供给，村内敷设了给水供水管道，无室外消防给水系统。

（2）排水设施：村内无集中污水处理设施无排水明沟，排水管线老化，每户设有小型化粪池。

（3）电力设施：里炮村现有10千伏杆式变压器两处，安装容量分别为150kVA、160kVA，现有低压线路沿村庄道路架空敷设，目前电力供应满足要求。电力电信线路较为凌乱。每户均为一个配电回路，存在安全隐患。

（4）电信设施：目前全村已实现户户通电话、电视，有线电视线路与低压电力线路同杆架空敷设，电话线路单独沿村庄道路架空敷设。

（5）环卫设施：村北、村东各有垃圾收集点一处，需增设垃圾箱。

8.2.4 绿化现状

村庄内有三片采摘果园，以苹果树种植为主；西北有公园一座，绿化良好；

主要道路两侧种有行道树；此外村民院内多有果树种植。

8.2.5 居住建筑现状

里炮村现状住宅建筑多为村民自建房，建造时间自20世纪70年代到90年代不等；建筑外饰面有清水砖墙、涂料、素混凝土抹面等；屋顶形式有坡屋面、平屋顶；结构形式以砖混为主。村民宅基地面积主要有6分地和9分地两种。现状住宅均为平房，整体布局较为整齐，朝向一致，间距较小，多采用三合院布局，正房朝南，院落开阔，院落中多种植果树，部分院落中有储藏间，储存农具、化肥等。

图8-4 用地现状图

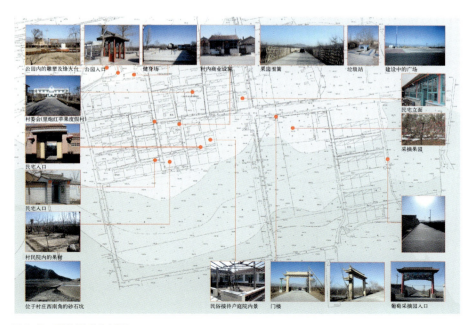

图8-5 现状景观分析图

8.3 发展定位及发展原则

通过调研及与相关人员座谈分析，确定里炮村发展方向为"以生态环境为主的体验式度假社区"。建设过程中遵循以下原则：

（1）发挥民俗旅游专业村的优势。
（2）发挥生态环保村的优势。
（3）发挥果树专业村的优势。
（4）不做高成本、大规模建设。

8.4 整治规划内容

8.4.1 道路

（1）由于村庄遗留的搬迁问题，个别道路为尽端路。本次规划拟拆除或改造影响主要道路交通的民宅，疏通道路，合理确定道路断面，增加道路绿化带宽度。

（2）现状街道空间单调呆板，缺乏村镇特色。新建道路采用折线化处理，以减少民宅拆迁，并在合适位置设置小型绿化活动场地以丰富街道空间，强化景观节点。

8.4.2 居住建筑

我们对现状住宅进行了如下分类：

A类（保留类）：建筑质量较好，风貌与村落较和谐，建议保留。本类共78户。

B类（立面整治类）：格局较好，风貌一般，建议进行立面整治。本类共35户。

C类（改造类）：建筑质量较差，或妨碍交通顺畅，建议进行改造。本类共4户。

规划建议拆除4户C类住宅，迁建至村东南闲置地，原宅基地除满足道路建设需要外均作绿化考虑。B类住宅以本地石材或涂料饰面，各屋门前铺砌砖石甬路。此外主要道路两侧的住宅，应进行立面粉刷或清洁墙面，街巷口可考虑设置门楼。

8.4.3 公共服务设施

村级公共服务设施还需进一步完善与整治。根据村民的意愿及村庄发展需要，规划拟在村口东侧新建游客中心一座，设标准客房、特色餐厅、厨房、活动室和会议室等内容，以提升里炮民俗旅游服务的档次，弥补农家接待规模的不足。

村委易地新建，结合新建村委设置活动村民活动中心及卫生所。原村委会改造为老年活动中心。

8.4.4 绿化景观

（1）绿化

宅旁绿地的绿化建设形成与公园、采摘果园共享的面、与干路、景观道路

图 8-6　建筑质量评估图

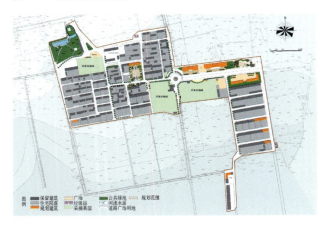

图 8-7　村庄规划图

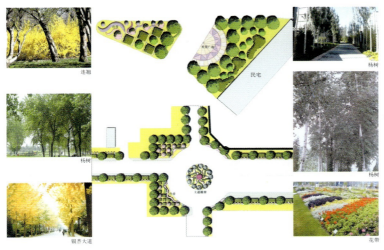

图 8-8　对景广场及环岛景观节点图

图 8-9　老年活动中心景观节点图

图 8-10　文化广场景观节点图

同行的线、与庭院空间相融的点，实现点上成景、线上成荫、面上成林的绿地系统，变单纯的景观绿地为融绿地于生活之中的绿地规划，充分发挥环境对品性、人格的熏陶作用。

宅前绿地：利用宅前屋后等闲置地块，以方便村民就近得到使用，设置简单的游憩设施，在适当位置设健身器材。

道路绿化：沿干路、景观道路形成的行道树，配置不同的灌木，两侧结合现有太阳能路灯完善亮化照明，构筑里炮村良好的景观绿地。

除公共绿地外的绿地分布，在设计中应充分考虑各居住片一年四季有花常开，树常绿，草常青，空气新鲜的环境因素。在树种选择配置上，根据植物季节性、色彩、造型及本地的植物品种进行配置，遵循"四季常绿、四季有花"的原则，形成因时而异，步移景异的多层次的视觉效果。

（2）景观

形成村口对景广场、西侧老年活动中、东侧游客中心三大景观节点，结合游客中心设置文化广场，平时供村民休闲、集会，旅游旺季可用于举行篝火晚会，文艺表演。

将村庄的主要入口、沿街、公共场所等处作为环境整治的重点对象，同时对村民住宅前的围墙建议采用美观、安全、实用的格式或整体围墙。

8.4.5 工程管线

（1）给水工程

依据村内人口规模和供、需水量预测，以及水资源分析结论，确定采用生活给水系统和消防系统合建。在规划期内逐步达到水资源有效合理利用并满足消防的要求。规划增建生活和消防合用水池，改造现有水井水泵的控制方式。采用分户水表；供水采用变频泵。划分出水源地保护区加以保护。

（2）排水规划

采用雨污分流的排水体制。雨水由明沟收集后，就近排入水体；污水采用管道收集，集中处理后排放或加以利用。雨水管沟可布置在道路两侧。

（3）电力规划

保留原有的电力设施，进行电力增容，根据规划道路适当增设高低压电力架空线路。

逐步改造居民户内的电气线路，照明、插座回路分开，并对插座回路设漏电开关保护器，如有空调单设回路。

（4）电信规划

目前全村已实现户户通电话、电视，有线电视线路与低压电力线路同杆架空敷设，电话线路单独沿村庄道路架空敷设，架设整齐，不用改动。电信规划遵循以下原则：最大限度地利用保留原有的电信设施，根据规划道路增设电信架空线路。

8.4.6 环卫设施

村庄内垃圾点位置结合绿地设置，尽量避免直接正对建筑物的出入口，服务半径不超过70米。规划在村内设垃圾收集站两座，服务半径不超过300米，垃圾由垃圾点定时收集至垃圾站后，统一运往镇内垃圾中转站处理。主次道路要有人经常清扫保洁，公共绿地等应安排专人维护管理。

目完成单位：中国建筑设计研究院城镇规划院

项目参加人员：王粟、董艳芳、邵爱云、曾永生、郑颖等

9 北京市通州区宋庄镇小堡村村庄整治规划简介

编者按：2005年11月，北京市规划委员会组织建设社会主义新农村规划活动，通州区宋庄镇小堡村被列为村庄整治试点规划村。小堡村因有700余名画家居住生活得名"画家村"，另有佰富园工业园区。该村现状存在问题主要表现在工业特色不突出，未能形成以画家为主体的文化产业链，村内建筑布局混乱，土地利用不集约。改造规划从村庄的发展目标入手，合理配置各类产业用地，促进土地从粗放型向集约型的转变，完善基础设施和公共设施。根据艺术家聚居的特点，注重文化氛围的创造，为艺术交流提供良好的公共空间。规划充分发挥了小堡村的文化特色，注重引导工业区企业向文化产业转型。在村庄改造的文化特色方面进行了探索。

9.1 概述

通州宋庄镇小堡村地处宋庄镇政府北侧1公里，南临102国道，西靠外六环高速公路疃里出口；东临宋庄、大兴庄；北部与徐辛庄接壤。明代时开始聚落成村，1983年，小堡村设村委会。

全村现有人口6446人。其中，农村常住人口1375人，共705户，居民371人。外来人口4700人，其中画家约200人。小堡村自1998年起村办工业大院，村上市政基础设施较完备，目前已经形成佰富园工业园，成为全市65家重点工业园区之一。

自1994年初春，陆续有一批画家相约来到宋庄居住，小堡村村中常年居住二百余位画家，成为画家聚集地，具有浓厚的艺术气息，从而得来"画家村"之称。知名画家和艺术评论家方力钧、栗宪庭、高惠君等近年来在艺术界的崛起以及2005年宋庄文化节的举办均使"画家村"知名度不断上升。作为宋庄艺术家群落（约700人）的起源和核心组成部分，小堡村的艺术家群落已经成为"中国.宋庄"品牌的重要支撑。

村庄面积337.32公顷，建设用地总面积为117.65公顷。

在刚刚批准的《通州新城规划（2005～2020年）》中，村庄南部被划入新城规划范围，村庄发展面临新的发展机遇。但是，在其发展的背后，尤其是作为转型时期新城边缘的村庄，矛盾和困惑也逐渐显现出来。

9.2 村庄建设现状

总体而言，小堡村整体建设缺乏规划，布局较混乱，建设水平不高。

（1）工业区：工业建筑中，佰富苑工业区南部厂房简陋、质量较差，工业区北部多为今年新建设的厂房，质量较好，属于比较标准的工业厂房。

（2）商业街：宋徐路商业街上的商业建筑质量较好，但部分建筑位于高压走廊附近,还有部分建筑为临时建筑。

(3)住宅区:由于近年外来人口和艺术家租房需求量大,村民不断加建住宅,将加建是新房出租,旧宅村民自用。由于扩建住宅侵占了一部分旧村内部道路使空间道路狭窄、混乱,存在一定安全隐患。

(4)公共设施:小堡村紧临宋庄镇,由于相关设施在其服务半径以内,故本村未设幼儿园、卫生院等文教卫生设施。村内建有商业广场,布置了体育设施,并建成灯光篮球场一处。另外,村委会引进了藏书达2.5万册的首图分馆,可同时容纳六七十人阅览。

艺术家街区环境建设平面图　　　　　　　　街道环境现状

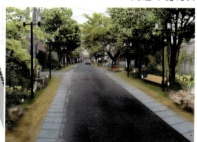

艺术家街区环境建设绿化景观分析图　　　　街道环境建设意向图

A点街道环境建设现状

A点街道环境建设意向图

图9-1　通州区宋庄镇小堡村村庄规划(一)

目前村内配套设施虽能满足本村目前的需求，但存在着水平不高、布局分散、容量有限等许多问题。

（5）市政基础设施：小堡村全村实现自来水供应，自来水由疃里水厂供应，已达到安全饮用的标准。现有两处小型污水处理厂基本满足小堡村旧村范围内生活污水排放需要，但不能满足工厂用水需求量。供电由小堡村周围三处电厂供应，基本满足当前使用需求。

9.3 村庄现状存在的主要问题

1．在经济转型期及城市化过程中，尚未形成合理的产业结构体系，突出表现在工业园区产业特色不明显，三次产

居民庭院环境现状

居民庭院环境美化意向

街区环境建设现状

街区环境建设意向

旧厂区建筑环境现状

旧厂区建筑环境建设意向

图9-2 通州区宋庄镇小堡村村庄规划（二）

业之间关联性小。第二产业的发展没有很好的带动第三产业的发展。

2. 艺术家群落在村庄内的存在并未给村庄发展起到带动作用。在宋庄艺术节后更多艺术家即将入住村庄之际，对此缺乏合理引导。同时，缺乏产供销一体化的文化产业链，村内艺术家的创作基本属于个人行为，作品处在自产自销或者自我欣赏阶段，画廊及美术馆等配套服务设施缺乏，没有形成规模化。

3. 用地结构不尽合理，呈典型的外延式粗放型发展状况，土地资源浪费较严重。

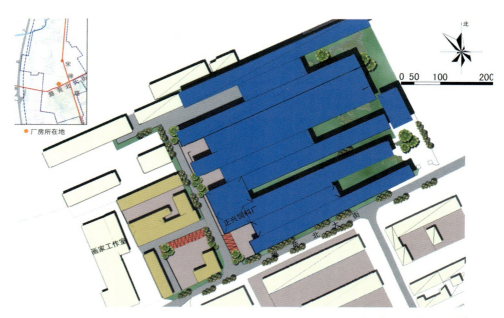

旧厂房现状平面示意图

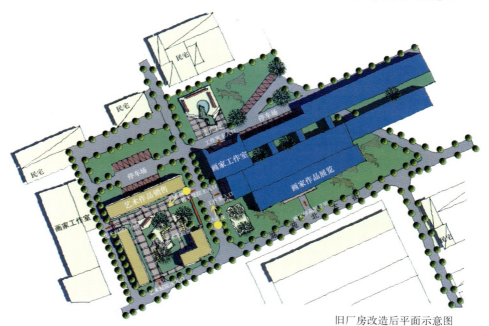

旧厂房改造后平面示意图

图9-3 通州区宋庄镇小堡村村庄规划（三）

9.4 村庄发展目标

产业发展目标：充分利用小堡村地处通州新城边缘的地域优势，发挥其"画家村"的影响力，宜积极优化第二产业结构，鼓励和引导现状工业向文化产业、旅游、会展等绿色产业逐步转型；扩大第三产业规模，大力吸引本地剩余农村劳动力，形成二、三产并进的产业格局。

村庄建设目标：调整土地利用结构，规范村庄建设管理，完善村庄公共配套和市政配套，提高村庄建设水平。

9.5 近期村庄整治策略

近期建设以村庄整治与发展引导相

厂房立面现状图

厂房立面改造后意象图——艺术家工作室

厂房改造后室内意象图

厂房改造后室内意象图

艺术家庭院(B 视点)

厂房改造后室内意象图

图 9-4　通州区宋庄镇小堡村村庄规划(四)

结合。一方面通过限制措施控制现有土地继续粗放式发展；另一方面通过引导帮助村庄实现现有土地的集约利用和整合，推进土地和人员的置换调整。同时，对旧村进行选择性整治，完善村庄的基础设施和公共设施，提升村落整体文化环境。主要内容包括：

（1）加快生态文化园区，实现艺术家由旧村向文化园的顺利转移，为下一步进行旧村改造打下良好基础。

（2）完善生态文化园区周边配套商业设施建设，促进艺术园区的不断完善。

（3）铺设通州新城规划中与六环出口相接的潞苑北大街，打开小堡村对外联系新出口，为小堡村未来发展打下坚实基础。

（4）旧村居住部分严格控制新建住房，压缩占地。

（5）对村庄主要景观门户、部分知名艺术家早期居住的院落加以保护，整治周围环境，创造宜人公共空间。

（6）引导工业区企业向文化产业转型，有选择地进行厂房改造。

（7）通过对村域内水系、绿化带和开敞空间（含六环沿线绿化带、高压线绿化带）进行统一规划，形成体系，改善村域生态环境。

9.6 村庄整治计划

村庄整治本着节约土地、节约资源、整治环境的原则进行，重在提升村落公共空间品质，创造艺术家群落聚集的良好氛围。在整治的工作中注意保持村庄景观的原生性，保护艺术的根源。

（1）艺术家街区环境整治示意

规划选取集中方力钧等著名艺术家工作室较为集中的街区进行街道整治试点，提出整治示意。结合住宅之间围合而成的空地组织为休闲小广场，并辅以绿化、座椅、花坛、街灯等景观设施，美化环境，提升公共活动空间文化品质。

（2）旧厂房改造示意

规划选择现状正兴饲料厂进行旧厂房改造试点，提出改造示意。正兴饲料厂已经废弃但是厂房结构保持较好。规划保留厂房南侧部分改建为画家工作室与画家作品展览馆，拆除厂房北侧部分，修建停车场与一个小型广场，以完善功能。

另外，选取厂房西侧的部分建筑改建为艺术作品销售室，并由此围合成一个公共空间——艺术家庭院，给人们提供交流与休憩的场所。

项目完成单位：北京工业大学建筑与城市规划学院
项目负责人：赵之枫
项目指导：戴俭
技术负责人：陈喆、张建、李强、韩炳越、张英、冯玲、刘刚
设计人员：陈海朋、张蕾、蒋依凡、何灵丽、杨俊丰、杨家祺、崔杰、张建军

10 浙江省温州市泰顺县泗溪镇下桥村村庄整治规划

编者按：2003年7月，浙江省提出"千村示范、万村整治"工程。温州市经济发展较快，建设力度也较大。泗溪镇位于泰顺县东南部，是典型的山区农田风貌。下桥村是泗溪镇的一个行政村，是泗溪镇的交通要地，全村生活水平较低。整治规划以下桥村原有肌理为基础，以保护廊桥周边景观风貌为重点，采取积极而审慎的整治措施，发扬泰顺山区的文化传统，将下桥村规划成历史文化观光游览地及农田交错的"阡陌人间"，从根本上改善下桥人民的生活质量。本次规划也是对山地村庄整治的规划方法的一次有益探索。

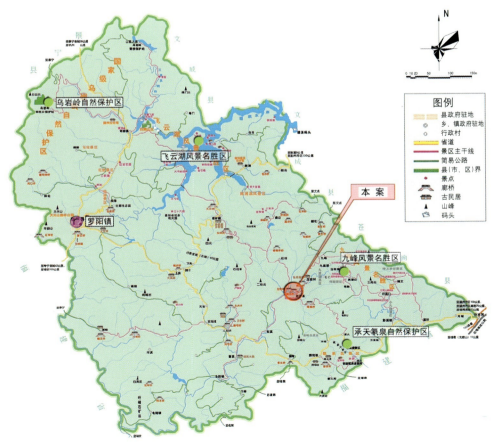

图 10-1 区位分析图

10.1 概况

泗溪镇位于泰顺县东南部,交通便捷,距县城罗阳镇公路里程31.13公里,北与凤垟乡为界,东、北与九峰乡相连,东、南连松阳乡,西毗东溪乡,且为承天氡泉自然保护区与九峰省级风景名胜区所夹。镇域地势东北高,西南低。境内群山重叠,其中西山岗海拔1027.7米为镇内第一高峰,镇内有东、西、南、北四条溪流错杂其间古有"泗水洄澜"之称。溪旁为水田成片,绵延至远山,又

图10-2　北涧桥

图10-3　现状分析图

以梯田形式沿山势而上，形成了典型的山区农田风貌。

下桥村是泗溪镇的一个行政村，是泗溪镇镇区的重要组成部分。本次规划范围为泗溪镇下桥村的后池、南山、大力岗和垟心等四片范围。规划区面积为59.37公顷。下桥村现有居民536户，人口2555人；全村全年总收入为700万元，其中务工收入500万元，农业收入180万元，牧业收入130万元；村民人均收入2700元，生活水平较低。

10.1.1 建设情况

（1）现状居住——现状居住建筑多为土结构，其余多为三、四层砖混结构，总建筑面积129773平方米（不含简易棚3775平方米），规划范围内总建筑基底面积为50382平方米。

（2）公建配套设施——下桥村村委现位于北涧桥头原戏院内（占地544平方米，总建筑面积为1088平方米）。下桥小学位于北涧桥头村委北侧，现占地1391平方米，总建筑面积为886平方米。规划范围内还有一所中学——泰顺二中，占地18386平方米。此外，下桥村现有四座小型高位水池均位于规划区范围外。村中北涧桥东侧溪源公路旁设有电讯交换箱一座。

（3）宗教建设——下桥村现有汤氏宗祠一座，占地1000平方米，位于北涧桥路与溪源公路交叉口附近。另有三座林氏宗祠，其中两座位于溪源公路东侧，占地面积分别分288平方米和153平方米。剩余一座林氏宗祠则位于泗筱公路一侧，占地291平方米。

（4）文保单位——村内现有文物保护单位三处，其中林建墓为县级文保单位，北涧桥和溪东桥为省级文保单位，两座廊桥为姊妹桥，其中溪东桥更是被誉为"泰顺最美丽的廊桥"。溪东桥俗称上桥，始建于明隆庆四年。北涧桥俗称

图10-4 溪东桥

下桥，横跨北溪，亦为木拱廊桥，有桥屋20余间。

（5）道路交通——村庄现状道路建设情况较差，不成系统。路面多未硬化，一遇雨天，便泥泞不堪。

10.1.2 发展条件分析

（1）优势分析

区位优势：下桥村是泗溪镇的交通要地。随着泗溪至筱村隧道的开通及到泰顺罗阳第二通道的开通，氡泉旅游区的日益壮大，泗溪镇的区域位置日趋重要。

人文景观优势：在泗溪镇10处文物古迹中下桥村占了三处。其中北涧桥和溪东桥为省级文保单位。北涧桥和溪东桥是泰顺最具代表性的两座桥。此外，后池片现存有大量木结构建筑，且具有泰顺地方特色，多数质量尚好，是极具价值的人文景观资源。

自然景观优势：悠悠的溪水、绵延的农田、错落的溪滩、青翠的远山、古朴的民居、美丽的廊桥以及冉冉升起的炊烟。下桥村拥有都市人所向往的自然景观资源。

（2）劣势分析

村内乱搭乱建现象较为严重。新建建筑同周边环境十分不协调，私自加层现象也较为严重。由于木质结构建筑较

多，存在严重的消防安全隐患。

村内道路不成体系，尚未硬化，而且道路边界不明确，部分建筑密集区不能通入消防车辆。泗筱公路及溪源公路穿村而过，给村民生活带来了严重的负面影响。

村中没有固定的垃圾收集点以及设备完善的公共厕所。

村中电讯、电力管线存在私拉、乱拉现象，十分零乱，存在安全隐患。

村中缺乏供村民休闲、娱乐、交流的人性化空间。溪边、路边缺乏必要的绿化。

村民生活水平较低，环境保护意识较为落后。

10.2 整治规划

10.2.1 规划原则

根据下桥村的地理环境、经济水平和社会发展水平，按照"环境整治、村貌美化、设施配套、布局合理"的要求编制村庄整治规划。同时坚持规划的可操作性和经济性；实事求是，因地制宜；突出

图 10-5 总平面图

重点,统筹兼顾;少拆建,重整治,立足现状,逐步展开;可持续发展等原则。

10.2.2 规划目标

本次规划是在下桥村原有肌理的基础上,以保护廊桥周边景观风貌为重点,采取积极而审慎的整治措施,并融入自然景观处理手法,发扬泰顺山区的文化传统,焕发村庄的活力,将下桥村规划成历史文化观光游览地及农日交错的"阡陌人间",从根本上改善下桥人民的生活质量。

10.2.3 规划期限

本次规划年限为2004～2010年。近期为2004～2007年;远期为2008～2010年。

10.2.4 人口规模

下桥村现状人口2555人,其中本次规划范围内2315人,约491户;其余45户240人,为偏远地区。据了解,下桥村人口机械增长基本为偏远地区人口向中心镇集聚或下山脱贫人口。根据以上条件,机械增长以240人计,自然增长率按《泗溪镇总体规划》的要求以8‰计,规划人口至2010年为2660人,约558户。

10.2.5 规划结构

根据下桥村的自然地形和现状用地条件,规划将其结构布置成"三片、一心"。

一心——由现状村委所在区域与北涧桥等周边建筑形成一个新的公共中心。

三片——将原先大力岗和垟心片合并成垟岗片,保留后池片和南山片,形成新的三个较为独立的生活片区。

10.2.6 整治内容

(1) 建筑整治

1) 现状建筑整治措施共分四类

修缮——针对文保单位和与传统风貌一致的老式建筑,保护原样,对个别构件加以更换修缮,修旧如故;对与传统风貌一致的老式建筑内部加以调整改造,配备市政设施,改善居民生活质量。

整治——针对与传统风貌有冲突的建筑,进行整治活动,如立面改造、平屋顶改坡屋顶等。

更新——针对与传统风貌冲突较大的建筑和质量较差的建筑,按设计需要拆除后与传统风貌协调重建的措施。

图10-6 总体鸟瞰图

拆除——针对与传统风貌冲突较大的一般建筑，建筑质量极差和临时搭建的建筑，采取拆除后建绿地和公共空间的措施。

2）整治重点

后池片北溪段建筑。现状该片大多为老式建筑，其中部分虽已经用砖墙加固，但风貌仍存。而且该片中有三座宗祠建筑，建筑风貌保存完好，质量也不错，具有相当的保护及历史记忆价值。从现状整体风貌及空间上分析判断，该片区仍在一定程度上保持了旧村落的风貌及空间尺度。建议拆除少量建筑，放大局部空间，作景观节点。针对已建的砖混建筑和与旧村落风貌不符合的建筑，以立面整治为主要措施。同时修缮其余老式建筑，再现旧村落的建筑风貌。对于片区北部移民安置点的新建筑，以传统民居形式建造，延续旧村落的建筑风貌。

图10-7

图10-8

北涧桥周边30米范围内的建筑，该地现状中有大量的4层甚至5层居住建筑，严重影响了北涧桥的景观风貌。规划建议对于北涧桥周边100米范围内5层建筑以立面整治及平改坡处理，对于北涧桥30米范围内已建的四、五层砖混结构建筑近期以立面整治处理，远期建议予以拆除。

溪东桥周边30米范围内的建筑。该地块现状多为三、四层砖混结构建筑，由于数量较多，动迁难度大，规划建议近期保留整治。沿环水路新建筑层高控制为3层，以传统民居形式新建。此外修缮桥西的临水宫，将临水宫与溪东桥作为一个整体保护。并将临水宫改为廊桥文化展馆，展示以廊桥文化为代表的泰顺地方民俗风情。

3）措施要求

对于整治措施及手法具体解释如下：对已建砖混结构建筑一律改为坡屋顶、灰色调，局部装饰宜采用一些传统符号，建筑层数控制在4层以内（檐口高度不得高于12米）。

所有新建建筑体量不能过大，进深不能超过15米，面宽总长度不能超过35米，建筑山墙间距6米以上。建筑层数控制在3层以内，檐口高度不得高于9米。应采用坡屋顶、小青瓦、大挑檐等传统建筑形式等，个别还可采用三合院形式。

所有整治建筑和新建建筑严禁屋面使用琉璃瓦，墙面使用磁砖，以免对传统建筑环境造成破坏。建筑色彩禁止过于鲜艳，应以青、白二种色调为主体，以与传统建筑相协调。对于已经使用琉璃瓦和瓷砖的建筑，应加以强制改造整治。

4）建筑整治规划指标如下：

修缮建筑面积：35721平方米；

整治建筑面积：75537平方米；

更新建筑面积：4419平方米；
拆除建筑面积：14097平方米（不包括简易棚）。

（2）道路交通整治和措施

根据《泗溪镇总体规划》要求，新建北溪路16米宽，北溪路建成后，车流将从下桥村外围通过，减少车辆交通给村庄带来的负面影响。拓宽溪源公路（现状7米）至14米，并北溪路相联，成为筱村方向进入泗溪镇的主要通道，片区组团级道路，开辟为4米宽，局部拓宽至5米，平时为步行道，禁止车辆通行，紧急时刻可作为消防通道。田间小道，为保持田园风光的原汁原味，不加整治硬化，局部作园路形式处理。

北溪路、北涧桥路、文福路北段采用沥清、柏油材料硬化。下桥路、环水路及文福路南段采用水泥材料硬化。环水路北涧桥路、下桥路及文福路人行道采用青石或块石铺面，以体现古朴的风貌，同廊桥景观相协调。北溪路人行道则可以用其他透气性材料铺面。各主要道路边种植行道树。

组团级道路路基承重负荷在满足消防车辆通行的前提下，可采用青石板铺面，或使用泰顺当地石材铺面，道路两侧可布置自然式绿化带，同周边田园风光相融合。至于后池片旧村巷道的路面形式，采用青石板铺面，部分路面采用块石铺花，巷通旁绿化采用自然式布置。巷道内小广场采用青砖青石板及碎石混合铺面，营造出浓厚的乡土气息。

在村内主要道路边设置高杆路灯，步行道宜设置低矮的草坪灯及高杆庭园灯。景观节点及广场照明可用景观灯柱。路灯亮灯率应在90%以上。

（3）公建配套设施整治

保留村委目前所在建筑，不予以搬迁、扩建。增设下桥文化活动中心，与村委共同形成公共中心。下桥小学现状未达到农村Ⅲ类学校的标准，校园用地不足，且发展受限，规划建议搬迁至洋岗片新建12班小学（占地9100平方米，建筑面积3600平方米），原下桥小学改建为幼儿园（4个班，占地2000平方米，建筑面积1198平方米）。新建公建采用传统形式建造。

（4）绿化空间整治

本次规划依据"阡陌人间"这一规划主题，下桥是"泗溪洄澜"之地，周边群山环绕，围合成一个典型的山区溪谷空间；溪谷小平原中布满了大大小小的田地，山坡上层层叠叠的梯田一个紧挨一个。充裕的农田资源为本次绿化空间整治提供有一个有利的前提和基础。通过农田与泗溪镇绿地系统相结合的手法，将大面积的乡村农田整治成为泗溪镇功能体的溶液，使泗溪镇区下桥片有机地延伸入农田中，提高镇区的综合生态效益，形成田中有村，村中有田的空间大格局。整理田间田埂，局部拓宽，放置草亭和草棚，供游人观光、休憩之用。田埂边上可稀疏散落地种植一些果树，丰富农田的景观层次。城镇中居民可以到农田中亲身参与种植、维护和采摘等活动，对青少年具有教育功能，对老年人则是一种休闲和回忆。

另外针对垟心片北溪边的农田中原有的水渠，采用传统园林理水手法，将原先的断头渠，同北溪相联，变死水为活水；局部地段挖凿出小水潭，形成滞水；村民可在此洗涮衣物，或饲养水禽鸭鹅，给游人平添几分生活情趣。

村中宅旁绿地以体现"农家乐"为目的进行布置。规划建议采用经济果树和本土植物，营造出返璞归真的景象和"农家乐"的氛围，同周边农田有机结合。后池片规划数个庭院空间，采用江南私家园林的营造手法——种植、造山、挖池等营造出宜人的农家小院。

图 10-9

图 10-10

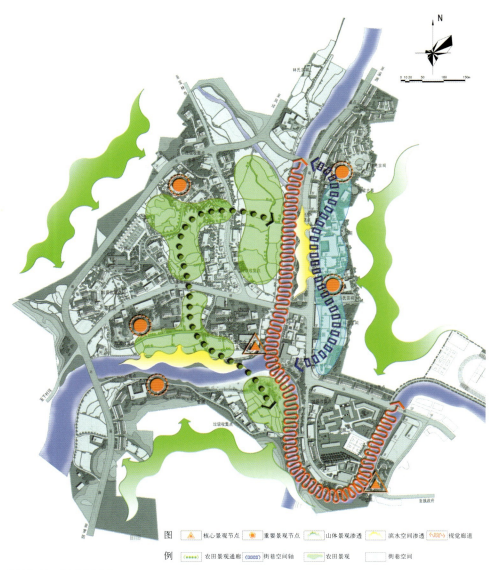

图 10-11 景观分析图

(5) 名木古树保护

下桥村现有古树名木若干株，主要集中于汤氏宗祠及北涧桥头，建议采取以下保护措施：

围栏保护。孤立树围栏与树干的距离不小于3米。围栏以游人摸不到树干为最低要求。

树体有倾倒或折断的可能时，应及时采用钢架支撑措施。

高大树体应安装避雷装置，以防雷击。

禁止在树冠垂直投影外5米范围内挖坑取土、动用明火、排放烟气、堆放危害树木生长的物料、新建建筑物或者构筑物、倾倒有害的废水废渣；在施工范围内的古树名木应事先采取保护措施。

禁止攀树折枝，剥损树皮，借用树干做支撑物，倚树搭棚，在树上缠绕绳索、挂物、钉钉、刻划及其他损害行为。

(6) 水体及滨水绿地整治

泗溪镇因四溪汇合而得名，溪流是泗溪镇区环境的组成部分，本次规划对下桥段溪流整治保护作如下安排：

1）保护好现有溪流水系，村庄建设和溪流风光保护统一考虑，协调进行。

2）严禁向溪流内倾倒生活垃圾和建筑垃圾，严禁向溪流内直接排放未经处理的污水或处理未达标的污水，保持溪水的洁净。

3）保留现有三处碇步，并加以修缮，加固沿溪驳岸，保留现有卵石滩，整个岸线形成一条优美的溪水曲线。

4）疏通河道，及时清淤，提高泄洪能力。

(7) 主要技术经济指标，见下表。

规划总用地面积（公顷）	59.37
道路面积（公顷）	2.54
河流及水沟面积（公顷）	9.18
保留农田面积（公顷）	14.38
其他用地（公顷）	9.14
村镇建设用地面积（公顷）	24.13
规划总建筑面积（平方米）	154247
保留建筑面积（平方米）	111258
新建住宅面积（平方米）	37892
新建小学面积（平方米）	3599
新建幼儿园面积（平方米）	1198
新建公厕面积（平方米）	246
新建配电房面积（平方米）	54
建筑总基底面积（平方米）	58152
建筑密度（%）	24.1
容积率	0.64
绿地率（%）	44.7

项目完成单位：温州市城市规划设计研究院、泰顺县城乡规划设计研究院

项目参加人员：何志平、张静、杨介榜、杨克明、陈武、苏志利、吴尚培、葛玲鸟